⑫ ⑬ 巨云杉 ⑭ 水位计 ⑮ 福建柏 ⑯ 西伯利亚五针松

⑰

⑱ 墨西哥落羽杉

北冰洋

北美洲

⑬
㉑
⑪
③
①
李氏渡口
□ ⑲
○ 图森
⑳

太平洋

⑩

大西洋

⑱

普韦布洛
博尼托遗址
⑲

南美洲

㉒

落羽杉
⑳

⑤

火疤
㉑

㉓

舍宁根矛 ㉔

⑫ 巨云杉
㉒

㉓ 巨云杉

U0147425

自 然 文 库
Nature
Series

TREE STORY

THE HISTORY OF
THE WORLD WRITTEN IN RINGS

年轮里的世界史

〔比利时〕瓦莱丽·特鲁埃 著

许晨曦 安文玲 译

商务印书馆
The Commercial Press

TREE STORY : The History of the World Written in Rings
by Valerie Trouet

献给乌苏拉、吉莉安和约翰·约翰

译者序

人类感知时间的流逝，用文字、绘画等来记录岁月的痕迹。树木则通过自身的年轮，用能被看到和触摸的方式记录它一生所经历的雨雪风霜、日月轮转和地裂山崩。人类很早就意识到年轮可以记录树木的生长历史。在我国先秦时期流传下来的史书中，洒脱浪漫的楚人用"梼杌"为其国史命名。"梼杌"虽在《神异经》中被东方朔描述为一种怪兽，与混沌、穷奇、饕餮并列为上古四大凶兽，但从两字的偏旁来看，其必然与树木有关。《说文解字》提到："梼，断木也。"杌，《说文解字》未载，但"兀"意为下基，所以"梼杌"原本指断木桩。楚国史官用"梼杌"为史书之名，即是因为"梼杌"（即树桩）上有一圈圈的年轮，一轮或为一年，年轮的多寡和样式记录了树木的生平，以此引申为"历史"之意。

树木记录的历史甚至远超人类文字所记录的时间。我们时常感叹人生短暂，传说中寿命最长的彭祖也只有 800 岁。在"长寿"这件事上，树木更有发言权。上古"以八千岁为春，八千岁为秋"的大椿可能并不只是传说。目前科学家们发现的世界上最长寿的树在北美，名为长寿松，被发现时它已经有 5000 多岁了。中国最古老的树则在"万山之祖"昆仑山。在昆仑山的支脉阿尼玛卿山，我国树轮学家找到了迄今为止中国最老的活树——祁连圆柏，2011年被发现时它已经2390岁了。祁连圆柏的树形并不高大，甚至有些干枯。它们的年轮通常非常窄，需要在高倍的显微镜下才能分辨。这种树广泛分布在高海拔的青藏高原地区，对干旱和严寒有着极强的忍耐力，"寒暑不能移，岁月不能败者，惟松柏为然"。

树木记录了大自然变化的历史、人类社会的历史以及自然与人类的联系。树轮学家的工作就是读懂树木中所记录的历史，认识自然的变化规律，审视人类与自然的关系，为人类应对未来气候环境变化提供科学依据。树轮学家如何发掘树木年轮中蕴含的信息？这些信息给我们带来了哪些新的认识？这些认识如何指导我们当下和未来的生活？国际知名的树轮年代学家瓦莱丽·特鲁埃教授，以自己的经历和树木年轮中记录的漫长而复杂的自然变化历史为经纬，回答了上述问题，也为我们编织了一本精彩纷呈的故事书。

特鲁埃教授的讲述从一把传世名琴"弥赛亚小提琴"的前世今生开始，将树轮年代学的起源和发展娓娓道来。一切的开始似乎都是偶然。首先出人意料的是，树轮年代学不是诞生于森林繁茂、气候温和的地区，而是发端自美国亚利桑那州南部索诺兰沙漠的一座城市——图森。作为一名天文学家，道格拉斯创立了"树轮年代学"，这一过程涉及火星研究、人情世故等，还充满了偶然，颇有些"无心插柳柳成荫"的意味。

随后，作者从她在非洲的野外工作经历入手，生动地讲述了树木年轮记录自然变化的原理，以及树轮学家解译年轮密码的过程。树木将生命中的"酸甜苦辣"——记录在自己的年轮上，等待着树轮学家的解读。作者在书中为我们呈现了树轮学家解读的一些经典案例，例如过去千年北半球温度变化的曲棍球杆经典曲线、欧洲气候的驱动器"北大西洋涛动"的变化曲线。"全球变暖"被大众所熟知就是缘于前者。在曲棍球杆温度变化曲线发表之后，人类活动导致全球变暖这一说法被越来越多的人所接受，人们也开始为应对气候变化而做出努力。而与此同时，发表曲棍球杆温度变化曲线的科学家们却在美国遭受了近20年的政治迫害。

除了温度和降水等气候变化，太阳活动、火山爆发、火灾、大地震、冰川变化、极端洪涝、极端天气，甚至通古斯大爆炸等灾害都能在树轮中留下证据。人为的灾难，比如切尔诺贝利核电站泄漏事件，也在树轮中留下了永恒的伤痕。这些灾难有的为人所知，有的则湮没在历史中。树木用它身上"伤痕累累"的年轮告诉我们灾难发生的时间、地点、原因，提示我们未雨绸缪。

自然气候变化对人类文明和社会发展产生过深刻影响。年轮记录告诉我们：曾经庞大的罗马帝国一步步走向衰落的背后是三百年不稳定的气候；成吉思汗肇建蒙古帝国之初拥有温暖湿润的"黄金十五年"；回鹘则被长达七十年的干旱彻底拖入深渊；高棉帝国可以修建宏伟的吴哥窟，却难敌季风的反复无常；玛雅文明在漫长的消亡过程中受到干旱气候的反复纠缠。在人类历史的进程中，气候变化作为大背景，仿佛一只无形的大手，甚至给那些伟大的帝国和文明的兴起与没落蒙上了一层"宿命"的阴影。

在气候影响人类的同时，人类也在影响着气候，影响着我们赖以生存的这个星球。"全球变暖"也已经超越学术界的范畴，成了全球范围内的一个高频词。衡量全球变暖及其影响在过去气候历史中的位置对于我们认识人类活动对气候的影响尤为重要。树木年轮既记录了过去气候的自然变化，又记载了全球增温以来的气候环境事件，是评估人类对气候影响的重要手段。树轮记录表明：近年来，美国西部积雪量出现了500年以来的最低值；欧洲急流位置变化幅度不断增大，导致极端干旱和洪涝灾害；热带范围变化大，引发干旱。这些都表明，人类活动导致的全球变暖对地球的气候系统产生了深刻影响，我们经历的"百年不遇"的干旱、洪水等极端气候事件似乎越来越多。所幸的是人类已经开始意识到自身行为给地球带来的影响，并反思自己的行为，尝试在生活方式和行为方式上做出改变。

在翻译本书的过程中，常常陷入对人类与自然、气候与文明之间关系的思考。以前阅读史书时，看到朝代更迭、王朝兴替，时常感叹"冥冥中自有天意"。如今想来，这天意就是沧海桑田、人世变迁背后的自然规律。老子说："希言自然。故飘风不终朝，骤雨不终日。孰为此者？天地。"天意从来高难问，借助树木年轮，也许我们可以窥其一二。树木年轮为我们构建的长达万年、横跨全球的气候、灾害与人类活动的庞大"观测网"，让我们可以通过更高的视角，在更长的时间尺度上，来回顾过去的气候—环境—社会变化历史，审视我们当前所处的时代，思考我们可能走向的未来。

许晨曦　安文玲

2022 年 3 月

目录

年轮里的世界史

如何过好生活呢？

留心关注，

保持惊讶，

并讲述它。

——玛丽·奥利弗（Mary Oliver, 1935—2019）

引言

　　1939 年，英国牛津的阿什莫林博物馆获得了安东尼奥·斯特拉迪瓦里（Antonio Stradivari）的传奇小提琴"弥赛亚"。它的估值超过 2000 万美元，是现存最贵的乐器之一。这把"弥赛亚"小提琴是由伦敦著名的乐器制造商和收藏家希尔家族捐赠给该博物馆的。此前，希尔家族曾拒绝了汽车巨头亨利·福特（Henry Ford）为这把小提琴开出的空白支票，并认为与其让一位极其富有的私人仰慕者把"弥赛亚"藏起来，还不如让公众可以看到它，让未来的乐器制造者可以效仿。然而，60 年后关于这一非凡礼物的争议突然爆发。1999 年，纽约大都会艺术博物馆乐器部门副管理员斯图尔特·波伦斯（Stewart Pollens）对这把"弥赛亚"小提琴的真实性提出了质疑。为了支持各自的观点，波伦斯和希尔家族分别委托树木年轮学家来研究"弥赛亚"的制作年代。

　　斯特拉迪瓦里于 1716 年制作完成了"弥赛亚"，这把小提琴被认为是他最好的作品，一直保存在他的工作室中，直到他 1737

年去世。19 世纪 20 年代，它被卖给了路易吉·塔里西奥（Luigi Tarisio），一位经常到巴黎旅行的意大利收藏家和交易商。在巴黎期间，塔里西奥总是向巴黎的商人吹嘘斯特拉迪瓦里的杰作，但他从来没有向他们展示过这把小提琴。据说，这引起了当时法国一位杰出小提琴家德尔芬·阿拉德（Delphin Alard）的不满："你的小提琴就像弥赛亚[1]一样，人们总是在等待，但它永远不会出现。"这把小提琴因此得名。1855 年塔里西奥去世后，这把"弥赛亚"小提琴被一位叫让-巴蒂斯特·维尧姆（Jean-Baptiste Vuillaume）的巴黎商人买了下来，维尧姆自己就是一名专业的小提琴制造者，以仿制以前制造的乐器而闻名。"弥赛亚"小提琴在维尧姆的手中保存了 30 多年，这也成为"弥赛亚"争议的核心：阿什莫林博物馆的"弥赛亚"小提琴究竟是斯特拉迪瓦里大师的原作，还是维尧姆于 19 世纪精心制作的赝品？

要想回答这个问题，需要借助"树轮年代学"（dendro-chronology，这个英文单词源自希腊语，"dendros"意为树木，"chronos"意为时间）的方法。"弥赛亚"小提琴的年龄可以通过测量制作琴板所用木材的年轮宽度来确定。也就是说，要设法确定"弥赛亚"小提琴取材的那棵树的生长年代。琴板木材中最晚形成的那个年轮，揭示了小提琴可能被制作完成的最早年份。如果木材中最晚一个年轮的形成年代晚于 1737 年（斯特拉迪瓦里去世的年

---

1 "弥赛亚"一词出自《圣经·旧约》，意思是受上帝指派来拯救世人的救世主。——译者注

份），就说明制作"弥赛亚"小提琴的那棵树在斯特拉迪瓦里死后仍在生长，那么"弥赛亚"小提琴便不可能是他制作的。反之，如果木材中最晚一个年轮形成的年代早于1716年，即斯特拉迪瓦里制作"弥赛亚"小提琴的年份，就能够证明这把"弥赛亚"小提琴的真实性。

不幸的是，在这场争议中，用树木年轮确定年代的方法却起到了火上浇油的作用。波伦斯聘请的树轮学家认为制作"弥赛亚"小提琴木材的最晚一个年轮形成于1738年，这意味着这棵树在斯特拉迪瓦里死后一年当中仍在生长；希尔家族聘请的树轮学家则认为，最晚一个年轮形成于1680年，早于历史记录的"弥赛亚"小提琴被制成的年份，从而支持了"弥赛亚"小提琴的真实性。然而，这两项研究都有待进一步确认，因为它们只是基于"弥赛亚"小提琴的照片，并未对小提琴本身进行测量，而且研究结果都没有发表在经过同行评议的科学期刊上。

自从这场争议爆发以来，利用树轮年代学方法对乐器（尤其是弦乐器）定年变得越来越流行，而且所采用的技术方法也越来越复杂。例如，随着年轮测量和图像分析技术的进步，科学家们可以直接对小提琴实物进行研究。一些树木年轮实验室，如德国汉堡大学的实验室，已经完成了对数千件乐器的年代测定，他们由此建立了一个包括大量标准树轮年表（reference tree-ring chronology）的数据库，通过将"弥赛亚"小提琴琴板年轮宽度与标准年表做比较，即可确定其制作年代。基于大量来自不同树种和广泛地理区域的标准年表，我们不仅能精确地确定乐器所用木材的年代，而且还能确定这些木材来自哪里，这种技术被称为树轮溯源（dendroprovenancing）。

2016年，在波伦斯和希尔家族之争发生近20年后，英国树轮学家彼得·拉特克利夫（Peter Ratcliff）利用他建立的包含大量意大利弦乐器的数据库，确定了"弥赛亚"小提琴木材的年代，结束了这场争论。通过研究，拉特克利夫发现"弥赛亚"小提琴与另一把斯特拉迪瓦里制作的名为"Ex-Wilhelmj"的小提琴木材年轮的宽窄变化非常完美地吻合，所以这两把小提琴的木材只能来自同一棵树。"Ex-Wilhelmj"小提琴出自斯特拉迪瓦里工作室，这一点是确定无疑的。于是拉特克利夫的树轮年代学工作充分证明了阿什莫林博物馆的"弥赛亚"小提琴的真实性。[1]

1998年春天，我在比利时根特大学攻读环境工程硕士学位。由于刚刚在德国做完一个学期的交换生，我还没有来得及为自己的学位论文选择研究题目。我的同学们已经抢完了最有趣的题目，特别是那些涉及国外旅行和研究的项目。为了赶在暑假前完成论文开题，我找到了讲授植被生态学和木材解剖学的汉斯·比克曼（Hans Beeckman）教授。他建议我考虑研究坦桑尼亚的年轮。虽然这是我第一次听说树轮年代学，但我毫不犹豫地答应了。

---

1 "Ex-Wilhelmj"小提琴在高音侧和低音侧的最晚年轮分别形成于1689年和1701年，均早于1716年。——若无特别说明，本书脚注均为原书注

在那之前，我从未想过树木年轮中包含的信息足以构建一门学科。但我有在发展中国家开展工作的强烈愿望，同时对气候变化也很感兴趣，如果从事树轮年代学研究能够将二者相结合，并且让我获得硕士学位，那么我当然会选择这个研究方向。在我们这个领域，很少有科学家从小就梦想长大后成为树轮学家。大多数同行都像我一样，一开始是在本科或者研究生阶段偶然地参与了与树轮相关的野外工作或者实验室工作，然后随着时间的推移，这些偶然的经历变成了我们从事的职业。

　　我的树轮职业生涯中遇到的第一个障碍是来自母亲的反对。我要让她相信，非洲的树轮研究是一个非常有价值的项目，有助于我获得工程学硕士学位。"瓦莱丽，你还有一年时间就能拿到学位，之后你将有许多令人兴奋的职业发展机会。但是树木年轮？非洲？你打算如何利用它来发展你的事业？"回想起来，母亲最担心的大概是我在非洲徒步旅行，当时我既没有经验又准备不足，她的担心不无道理。20年后，当我在国际树轮年代学领域取得成功后，时常忍不住和她提起当年她反对我的话。

　　硕士论文项目的实验室工作让我开始对树木年轮着迷。我通过显微镜观察在坦桑尼亚采集的树木年轮样本。树木年轮是美丽的，而寻找不同树木之间哪些年轮的宽窄变化可以相互匹配，就像是解谜题一样令人上瘾。我常常好几个小时都在观察树木年轮变化，完全意识不到时间的流逝。所以我很快就做出了继续攻读树轮学博士的决定，这样我便有机会继续从事4年的树木年轮研究。在我25岁的时候，我的选择是要么开启40年的白领职业生涯，做一名在办公室工作的政府职员；要么成为一名科学家，申请资助去非洲旅行，解开更多有关年轮的谜题。显而易见，这就像选择人生伴侣，当然要选自己喜欢的。然而，写博士论文的过程比我想象的要冗长乏味得多。在读博期间的最后一年，我整天待在布鲁塞尔市中心的一栋六层无电梯的公寓里，一边写论文，一边喝咖啡、抽烟，望着窗外的天际线。

我在 2004 年 12 月完成了博士论文答辩，随后立即前往位于美国斯泰特科利奇（State College）的宾夕法尼亚州立大学地理学院开展博士后研究。此前我只去过美国一次，是去纽约。斯泰特科利奇是一个位于阿米什人农场中的小镇，离最近的城市有三个小时的车程。当我带着两个手提箱和一个背包，降落在斯泰特科利奇的小机场，我的导师艾伦·泰勒（Alan Taylor）来接我。我请他开车穿过斯泰特科利奇的中心区（downtown），说想看看它的样子，但艾伦犹豫了一下，直接把车开到了宾夕法尼亚州立大学的校园。后来我发现，这里根本就没有中心区，只有校园和几条有商店和酒吧的街道，仅此而已。从布鲁塞尔那样的大都市直接搬到这里，对我而言，文化冲击相当大。但我喜欢在艾伦的植被动力学实验室工作，探究加利福尼亚州火灾的历史与过去气候变化的关系。为了获得实验室里需要的树木年轮样本，我继续旅行，目的地是加州的内华达山脉。

在宾夕法尼亚州立大学工作期间，我遇到了简·埃斯珀（Jan Esper），他来自欧洲最著名的树轮实验室，是瑞士联邦森林、雪和景观研究所（Wald, Schnee und Landschaft，WSL）树轮科学研究组的组长。当简向我提供一份工作机会时，我已经在宾夕法尼亚的边远地区待得足够久了，是时候回到旧世界了，苏黎世是个不错的选择。在WSL，我学会了如何利用树木年轮重建过去的气候变化历史，如何在拥有广泛读者的顶级科学期刊——比如《自然》和《科学》——发表论文。但在瑞士待了4年之后，我又一次穿越了大西洋，来到树轮学的发源地——亚利桑那大学树木年轮研究实验室（Laboratory of Tree-Ring Research，LTRR）——担任教授。

在这里，我第一次有了自己领导的研究小组，进一步探索树轮中蕴含的有关气候变化的信息。在才华横溢的博士后和研究生的全情投入下，我们利用树木年轮来分析过去的极端气候，比如加州的干旱和加勒比海的飓风，以及发生在大气上层的气候变化，比如高空急流（jet stream）。

我是一名树轮气候学家，我的工作是用树木年轮来研究过去的气候变化及其对生态系统和人类的影响。在过去的20年里，我大部分时间都在思考、写作，谈论过去和未来的气候变化。这是一项艰巨的任务。年复一年，我们对气候以及化石燃料的燃烧对其造成的巨大破坏了解得越来越多。人类活动引起的全球性气候变化对社会造成影响的是：热浪，飓风，暴雪；对生态系统造成的影响是：森林火灾，北极熊死亡。然而，年复一年，政府层面在控制二氧化碳排放和减轻人为气候变化的不利影响方面做得实在太少。尽管196个国家在2015年签订了《巴黎气候协定》，承诺为应对气候变化做出努力，但情况并没有得到多大改善。虽然二氧化碳排放水平处于历史最高水平，但在唐纳德·特朗普（Donald

Trump）在任期间，人为造成的气候变化威胁在美国不仅被广泛忽视，还被称为谎言，被说成是"假新闻"。

2017年初，我颇感疲惫和沮丧：为没完没了的有关恶劣气候的消息感到疲惫，为捍卫我的专业知识、我的性别，甚至我所代表的学科而面临的持续不断的压力感到沮丧。所以，在即将到来的假期里，我决定不再思考气候变化的不妙前景，而是书写激动人心的科学发现故事，写下记录在树木年轮中漫长而复杂的人类历史，以及它是如何与自然环境交织在一起的。

树轮年代学非常适合这样的解读，主要有两个原因。一方面，许多人在孩童时期就观察过树桩的顶部并数过年轮，所以对树轮年代学的基础概念并不陌生。这是一个可以被感知的科学领域：你可以用手指触摸木材，用双眼看到一圈一圈的年轮。它不涉及晦涩难懂的纳米粒子或遥远的星系。另一方面，树轮年代学在揭示人类历史、环境历史以及人类与环境之间相互作用等方面具有独特的地位，因为它正好处于生态学、气候学和人类历史的结合点。大约100年前树轮年代学这门学科在美国西南部的诞生过程也诠释了这一点。

在过去的一个世纪里，不断发展的树轮年代学产生了一个含有大量树木年轮数据的数据库，并且这个数据库在空间和时间上持续不断地扩展。现在全球树轮数据库包括"地球上最孤独的树"，它位于南大洋[1]的坎贝尔岛（Campbell Island）上，距离它最

1　南大洋（Southern Ocean）是指环绕南极大陆，北边无陆界，而以副热带辐合带为其北界的水域。——译者注

近的"邻居"也在270千米以外。世界上最长的连续树轮记录，是由德国的栎树和松树组成的年表，它涵盖了过去12 650年的每一年。不断完善的树轮数据库使我们能够解决日益复杂的研究问题。覆盖全球范围的数据库网络使我们不仅可以研究树木生长的地球表面的气候变化，还可以研究高层大气的变化。它使我们不仅能够研究过去气候的平均状况，还可以研究极端气候事件，例如热浪、飓风和森林火灾。树轮年代学研究可以确定每个年轮形成的准确年代，为研究人类历史和气候变化之间复杂的相互作用提供了立足点。过去我们简单地认为气候变化决定社会发展，是树轮年代学研究让我们对人类活动与气候的关系有了全面的认识，认识到社会恢复力和适应能力的重要性。

在本书中，我的主要目的是讲述树轮年代学是如何从不起眼的学科发展成为研究森林、人类和气候之间复杂相互作用的主要工具之一的。这一过程远非线性，却又充满惊喜。故事始于树木稀少的索诺兰沙漠，从这谜题一样的起源，到通过给考古发掘的木材"数年轮"获得的启示，再到过去千年间史诗般的气候变化。我将重点关注在树木年轮中留下信息的自然灾害（地震、火山爆发等），并且展示过去的气候变化如何在全球范围内影响社会变迁，包括欧洲的罗马帝国、亚洲的蒙古帝国以及美国西南部的古普韦布洛文化（Ancestral Puebloan culture）。

书里的故事涉及很多方面。我讲述了比一根头发还细的木材细胞，还有在飞机巡航高度环绕整个北半球的高空急流。我通过海盗、火星人、日本武士和成吉思汗的故事将二者联系起来。我记述了那些令我着迷的树轮故事。贯穿所有故事的是关于木材使用和森林砍伐的历史，树轮学家由此开展对过去气候变化的研究，并为确保未来地球的宜居性做出贡献。在当前对科学发展缺乏信任和兴趣的氛围中，我想这些关于科学发现的故事是有价值的。最好的情况就是，我希望当你从这本书中了解到新东西时，你会感到些许兴奋，正是这种兴奋促使我们这些科学家不断开拓进取。

第一章　沙漠中的树

通过翻译树木年轮所讲述的故事，
我们拓展了历史的边界。

——安德鲁·埃利科特·道格拉斯
（Andrew Ellicott Douglass），1929

2010 年 7 月，我做出了一个看起来有些奇怪的决定：从瑞士的苏黎世搬到美国亚利桑那州的图森（Tucson）。那时，图森仍在 2008 年经济危机的余波中挣扎，而苏黎世则依然是全世界最稳定经济体中最具活力的地方。虽然我是一个滑雪爱好者，我还是从瑞士阿尔卑斯山去了美国索诺兰沙漠。然而，当我与亲友分享这一决定时，经常被问到的问题则与经济或滑雪无关。相反，大家都好奇一个问题：一个研究树木年轮的科学家究竟为何要搬到沙漠中去？"你不再需要树木来搞研究了吗？"

这个问题很合理。毕竟，我研究古老树木年轮的变化是为了更好地理解过去的气候变化，以及它是如何影响人类和生态系统的。直观上来看，瑞士有茂密的森林、典型的山地气候、长期的历史文献记录，这些令瑞士看起来是一个造就树轮学家的理想场所。而图森呢？它位于美国亚利桑那州南部的索诺兰沙漠。然而世界上第一个树轮实验室——亚利桑那大学树轮研究实验室（LTRR）却坐落于此。这是该领域最重要的实验室，距离墨西哥北部边界不到 160 千米。

在接受 LTRR 给我的职位时，我自己也并不了解 LTRR 为何要建立在盛产巨人柱仙人掌和希拉毒蜥的地方。我只知道，LTRR 是一个叫安德鲁·埃利科特·道格拉斯（1867—1962）的天文学家在 20 世纪 30 年代创立的，它位于亚利桑那大学的足球场西侧，仅此而已。直至成为一位新上任的教授，开始讲授"树轮年代学导论"这门课时，我才真正了解了图森这座城市与天文学和树木年轮之间的历史渊源。

除了能在这个树轮研究圣地获得教授职位外，我从苏黎世搬到图森还有另一个好处：气候。在苏黎世，每 10 天中，只有 4 天能晒到太阳。而在图森，这个数字是 9 天，这也导致当地的年平均降水量低于 300 毫米。这样的气候造就了索诺兰的沙漠景观。在光照充足的炎热气候下，当地的云量和降水稀少，因为大部分树木都需要充足的水分来维持高大枝干的生长，所以索诺兰不足以形成森林景观。然而，这种气候却有利于另一门依赖于晴朗天空的学科：天文学。树轮年代学之所以会发源于这样一个没有树木的地方，也正缘于此：为了寻找长期晴朗的天空，树轮年代学的创立者，一位天文学家，在 20 世纪初来到了图森。

天文学领域在整个19世纪发展迅速，随着望远镜技术的提高和新仪器的出现，天文学家对星体、星云以及一些新发现的行星和小行星进行了详细研究，这些研究在以前是不可想象的。天文学的持续发展依赖于准确的观测，这不仅需要现代化的观测仪器和专业的技术人员，还需要稳定的大气条件。为了寻找这样的条件，天文学家和天文台站的建造者们向美国西部聚集，1888年，他们在加利福尼亚中部建立了首个天文台——利克天文台（Lick Observatory）。

很快，天文学成为那个时代最迷人的学科之一，激发了众多优秀的学者和财力丰厚的业余爱好者的兴趣。19世纪末财力雄厚的天文学家帕西瓦尔·罗威尔（Percival Lowell）就是其中之一。他毕业于哈佛大学，原本是个商人，后来迷上了火星，便决定将其一生的时间和金钱用于火星研究。1892年，罗威尔出资，计划在美国西南部修建一个专门研究这颗红色行星的天文台，为观测1894年的"火星冲日"做准备。"火星冲日"是指大约每隔两年，火星、地球和太阳几乎排成一线，地球位于太阳与火星之间时的天象。此时火星被太阳照亮的一面完全朝向地球，因此是研究火星的最佳时机。罗威尔雇用了哈佛天文台的道格拉斯为新天文台选址并且拟定整体规划。道格拉斯将最佳观测位置定在亚利桑那州北部的弗拉格斯塔夫（Flagstaff），同时主持天文台的建设。1894年5月底，天文台竣工，及时赶上了"火星冲日"的观测。道格拉斯对天文台进行了长达7年的高效管理，但他与罗威尔之间长期存在的天文学争论，直接导致自己于1901年被解雇。他们失和的原因是什么呢？答案是火星人。

在对火星的研究中，罗威尔受到了意大利天文学家乔凡尼·斯基亚帕雷利（Giovanni Schiaparelli）的启发。斯基亚帕雷利在1877年对"火星冲日"的观测中，发现火星表面存在网状的长直线，并将其命名为"水道"（canali）。这一模糊的描述为后人的误解埋下了种子，因为写法相近的意大利单词"canale"具有"冲沟"（自然成因）和"运河"（人工建造）的双重含义。在这一发现被翻译成英文时，"canali"被误译作"运河"。火星上存在运河的说法则催生了一系列关于其他行星上存在智慧生命的假说。罗威尔坚信这一理论，并认为那些"水道"是干旱环境中的外星智慧文明为了灌溉而挖掘的"运河"。罗威尔天文台的绝大部分观测都被他用来支持这一理论。他也致力于向大众传播火星上存在生命的观点。1897年赫伯特·乔治·威尔斯（Herbert George Wells）发表的那部影响深远的小说《世界之战》（*The War of the Worlds*）便由此得到了灵感。在这部小说中，火星人放弃了他们干涸的、正在衰落的星球，转而入侵地球。

火星上存在智慧生命的理论开始被越来越多的普通人所熟知，但是专业的天文学研究团队则始终对这一观点持严肃的怀疑态度。人们早期对"水道"的观测是利用分辨率相对低的望远镜得到的，且主要依赖于手绘，而非照片。这些过程中存在较大的人为误差和主观性。因此，在罗威尔参与宣扬这一理论之前，关于火星上是否存在"水道"就是有争议的。但是，随着罗威尔在越来越多的场合公开支持地外智慧文明的存在，并将其作为火星"水道"存在的唯一看似合理的解释，他在科学上的对手便将他视为该说法的代言人。作为罗威尔天文台的首批观测者，道格拉斯不可避免地卷入了这场科学争论。

1894 年"火星冲日"期间，罗威尔天文台已经建造完成。道格拉斯对火星的形状、大气和"水道"进行了大量观测，这些观测似乎都支持罗威尔关于存在火星人的观点。然而，对这些假设合理性的不断关注，促使道格拉斯开始研究天文台观测中的潜在误差及其可能导致的视错觉（optical illusions）。为此，他以天文台为中心，在距离不同的位置摆放球体和圆盘（用于模拟行星），并使用望远镜进行观测研究。他发现，在望远镜中观测到的"人造行星"表面的许多细节，都是视错觉造成的，其中就包括那些长直线。通过这些实验，他指出那些在火星上观察到的长直线，也就是那些"运河"，只是视错觉而已，罗威尔对火星文明的假设最终不过是自我欺骗的产物。

这一认识使得道格拉斯和雇主罗威尔的关系紧张起来。特别是在"来自火星的信息"事件发生后，道格拉斯对罗威尔不再抱有幻想。那是 1900 年 12 月，在一次火星观测中，道格拉斯注意到一个非常明亮的投影，他将这个结果电告罗威尔。而罗威尔未做进一步研究，就把火星发出亮光的消息转发给了他在哈佛和欧洲的同行。几天后，欧洲和美国的媒体报道了这个故事，并将其激动地解释为来自火星人的信息。道格拉斯和他的同事们不得不在接下来的数周进行辟谣，并试图说服公众，他们观察到的这个现象只不过是一朵云造成的。这场闹剧后，道格拉斯便不再掩饰他对罗威尔那套科学研究和传播方法的鄙视。1901 年 3 月，他在给一位同事的信中写道："看起来罗威尔先生的天赋都给了文学，科学上一点都没有。"在另一封信中，他指出："恐怕罗威尔不可能成为一名科学家。"虽然他对收信人强调要对这些内容[1]保密，但是四个月后，罗威尔将道格拉斯从天文台开除了，对于这个结果，道格拉斯应该不会感到意外。

五年后，也就是 1906 年，道格拉斯找到了一份新工作：在位于图森的亚利桑那大学物理与地理学院当助理教授。当时，那还是一所只有 215 名学生、26 位教职工，没有开设天文学专业的学院。在亚利桑那大学，道格拉斯推动了天文学在亚利桑那州南部地区的发展，成功筹款在 1923 年建立了斯图尔德天文台，并负责其运行。除此之外，道格拉斯也向世人展示了自己是个真正的全才：他开辟了树轮年代学这一全新的科学领域，不仅在天文学上，在古气候学和考古学领域也取得了重大进展。

对天文学的雄心把道格拉斯带到了亚利桑那，而他却在那里开始了树轮年代学的研究工作。在弗拉格斯塔夫的一个木料厂里，他从木料的末端和树桩的顶部切割树盘，收集了最初的 25 份树木年轮样本。他这样做是为了检验自己的假设：树木的年轮可以用来追踪过去的太阳活动周期。作为一名天文学家，道格拉斯对太阳活动周期及其对地球气候的影响产生了浓厚的兴趣，并

---

1 A. E. Douglass to William H. Pickering, 8 March 1901, Box 14, Andrew Ellicott Douglass Papers, Special Collections, University of Arizona Library; Douglass to William L. Putnam, 12 March 1901, Box 16, ibid.

密切关注这一领域的最新进展。这其中包括：（1）太阳黑子（通过望远镜可以观察到的太阳表面颜色较暗、温度较低的区域）呈现 11 年的周期性变化；（2）这一周期与太阳的能量周期类似；（3）太阳黑子周期有可能导致地球气候的周期性变化。例如，19世纪英国天文学家诺曼·洛克耶（Norman Lockyer，他创办了著名的科学杂志《自然》，后来与女权运动者玛丽·布罗德赫斯特［Mary Brodhurst］结婚）假设太阳黑子周期和印度季风降雨之间存在联系，一个多世纪后的今天，这一研究课题仍在开展。由于太阳的能量和地球的气候都非常复杂，因此要研究两者的变化，需要用到很长的**时间序列**，即一系列按时间先后顺序排列的连续数据，例如太阳能量变化和地球气候变化每年的数值。道格拉斯认为，长寿命树木的年轮宽度变化可以提供这样的时间序列。

道格拉斯推断，树木年复一年的生长可以通过年轮的宽度来衡量。树木周长每年增加的量是由树木的"食物供应"决定的，而这会体现在每年生长的年轮宽度上。在美国西南部，就像世界上大多数半干旱地区一样，一棵树的食物供应很大程度上取决于它从降雪和降雨中吸收了多少水分。将两者结合起来，道格拉斯假设，某一年树木的年轮宽度也许可以指示该年份的降水量。如果像洛克耶假设的那样，降水量和来自太阳的能量之间存在联系，那么树木年轮不仅记录了降水量的变化，很可能也记录了太阳活动的变化。基于以上假设，**树轮序列**（从长寿命树木获得的树轮宽窄变化）能够提供非常有价值的数百年的太阳变化数据。为了证实这一想法，道格拉斯在亚利桑那州北部采集了 100 多份西黄松（*Pinus ponderosa*）样本。1915 年，他建立了可以追溯到公元 1463 年的**树轮年表** [1]，来研究树木生长在过去 450 年间的周期性变化。

为了寻找更古老的树轮材料，道格拉斯去了更远的加州内华达山脉，去找那片众口相传的古老巨杉林。他的调查显示，在他采集到的最古老的巨杉（*Sequoiadendron giganteum*）样本中，最古老的年轮形成于公元前 1305 年，这意味着那份样本来自一棵年龄超过 3200 岁的树！而亚利桑那州北部的西黄松从未达到过如此"高龄"，他在那里采集的树中只有两棵超过了 500 岁。所以如果要将亚利桑那州的记录回溯到更早的时期，道格拉斯就需要另一种树木作为研究材料。不久，位于科罗拉多州、新墨西哥州、亚利桑那州和犹他州交会点的四角地区（Four Corners Region）的大量考古遗址中出土了年代久远的木材样本，成为延长亚利桑那州树轮记录的新材料。

在道格拉斯发展树轮年代学的同时，美国西南地区的考古学也经历了全盛时期。如今保存在四角地区国家纪念地和国家公园里的众多古老的普韦布洛遗址和悬崖民居——查科峡谷、梅萨维德、切利峡谷、卡萨格兰德和阿兹特克遗址——都是在 19 世纪末和 20 世纪初被发掘出来的。这些令人赞叹的史前建筑的发现激

1　树轮序列通常是指来自一棵树的树轮数据，树轮年表通常是指来自同一地点的多棵树或者多个地点、经过交叉定年的树轮数据。

发了公众的想象力，也给考古学家留下了更多的问题：关于这些建筑的建造日期和废弃日期，考古学家并不清楚。20 世纪早期，考古学家利用陶器（该区域内最独特和最丰富的文物）的特征来推断相关的年代，回答诸如查科峡谷遗址是在阿兹特克遗址之前还是之后建造的问题。然而，遗址建造的绝对年代（absolute/precise date）仍然难以确定。

位于纽约的美国自然历史博物馆是研究四角地区史前遗迹确切年代的机构之一。在看到道格拉斯的树轮年代学工作之后，博物馆人类学研究组的负责人给道格拉斯写信说道："您的工作可能对我们在西南地区的考古研究提供帮助……我们不知道这些遗址有多古老，但我想能否将遗址中树木（或木材）样本的宽窄变化曲线和您手中现代树木的宽窄变化曲线进行衔接，来确定遗址中树木的年代呢? 我很想听听您对这个想法的意见。"[1] 收到信后，道格拉斯在 1915 年开始了他与考古学家的合作，这距离他在弗拉格斯塔夫采集第一份树轮样本已经有 11 年了。此时道格拉斯已经在亚利桑那州北部建立了一个跨度为 450 年的现生树轮年表。现在，他的目的就是尝试将四角地区考古木材样本和已有树轮年表中的年轮宽窄变化衔接起来。如果能找到两组年轮宽度变化之间的重叠部分，那么他就能将现生树木的年代精确地应用于考古木材，从而确定考古木材的绝对年代，并且可以精确到年。与当时流行的考古年代测定技术所提供的模糊的年代范围相比，这将是一个

---

1 Clark Wissler to A. E. Douglass, 22 May 1914.

很大的进步。

很快，道格拉斯就对从四角地区不同考古遗址的木材和木炭[1] 所获取的树轮序列进行了定年，但这些树轮序列都没有与他的现生树轮年表在时间上有所重叠。也就是说，考古木材的树轮年表仍然是**浮动的**（floating），它没有与活树年表建立联系。所以普韦布洛遗址的**绝对**年代依然未知。尽管无法给出绝对年代，但仅凭可以给出相对年代的潜力，就已经使浮动年表成为一个非常有价值的工具。随着树轮年代学在美国西南考古学中的应用，学界为越来越多的遗址确定了相对的年代，并首次对四角地区的史前遗址进行了准确的年代排序。例如，道格拉斯的树轮研究表明，查科峡谷的 5 处主要遗址都是在 20 年内建成的，其中普韦布洛博尼托（Pueblo Bonito）遗址比阿兹特克遗址还要早 40 至 45 年。

道格拉斯的树轮研究对考古学的贡献巨大，但他又花了 14 年时间才获得"测定绝对年代"的圣杯。若想给出普韦布洛遗址的绝对年代，道格拉斯需要找到浮动的考古树轮年表与现生树轮年表之间缺失的部分（图 1）。为了应对这一挑战，道格拉斯一方面尽可能地将现生树轮年表向更老的时段扩展，获得更为古老的现生树轮年表；另一方面，则尽可能地将浮动年表向现代扩展，

1　木炭通常比普通木材保存得更好，并且具有清晰的年轮。包含足够数量的树木年轮的大块木炭残片能够被用于定年。

白框内为采集的
树木年轮样本

弥补缺失的部分
（1237—1380）

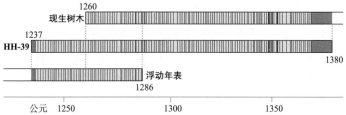

图1　木梁 HH-39 含有 143 个年轮。它与现生树轮年表最早的 120 年（1260—
1380）在时间上重叠，由此确定了它最早那个年轮形成于 1237 年；而它与浮动
年表的最后几十年（1237—1286）重叠，确定了浮动年表的最后一个年轮形成于
1286 年。

获得更接近现代的考古树轮年表。通过上述努力，他希望最终能到达两条年表重叠的那个点，也就是能将两条年表衔接起来的位置。到了1929年，他将现生树轮年表延长到了公元1260年。基于四角地区75处遗址的样本，他的浮动年表的时间跨度为585年。最终，亚利桑那州东部肖洛（Show Low）遗址中的一根木梁，连接了考古树轮年表和现生树轮年表，实现了定年的重大突破。这根样本编号为HH-39的木梁含有143个年轮，并且与现生树轮年表最早的120年（1260—1380）在时间上重叠，道格拉斯由此确定木梁HH-39最早那个年轮的形成年代是公元1237年。道格拉斯还发现，HH-39与考古浮动年表最晚的49年相重叠，于是确定了考古浮动年表中最后一个年轮的形成年代是公元1286年。由此，HH-39一举解锁了各个遗址的绝对年代，包括肖洛遗址（1174—1383）、阿兹特克遗址（1110—1121）、普韦布洛博尼托遗址（919—1127）以及其他所有在建立考古浮动年表时用到的遗址。在不到一年的时间里，道格拉斯的"罗塞塔石碑"HH-39就为75处普韦布洛遗址给出了精确到年的准确年代。

每次我去博物馆参观，看到文物年代的估计数据有数百年甚至上千年的误差时，我都会想起道格拉斯对考古学的巨大贡献。作为一名树轮学家，我已经习惯了得到准确的年代。在考古遗址中发现的那些没有确切年代甚至没有年代的史前石头和金属，向我们展示了在没有树轮年代学的帮助下，考古学的世界将会是什么样子。在比利时特尔菲伦的中非皇家博物馆（我读博期间曾在那里工作过），许多木制品甚至被标注为"年代不详"。博物馆的大部分面具、雕塑、颈枕和凳子来自中非，但那里至今还没有可靠的现生树轮年表可用，所以连20世纪的木制品都无法准确定年。如果不是因为道格拉斯和他的团队努力寻找HH-39，连接了考古树轮年表和现生树轮年表，美国西南部和许多其他地区的普韦布洛文化的发展历史可能仍然不为人所知。

通过将现生树轮年表与考古浮动年表相结合，道格拉斯还将四角地区的树轮记录向前延长了500多年，一直回溯到公元700年。这条具有精确年代的连续记录为他提供了1200多年的数据，来研究太阳黑子周期和气候变化。在接下来的数年里，他致力于将这条记录进一步延长，到1934年时他的记录已经成功地覆盖了公元11年以来的年份。1937年，基于过去30年开展的树轮研究在考古学和气候学领域所取得的成就，道格拉斯在亚利桑那大学创立了树轮实验室，这是第一个完全致力于树轮研究的部门。亚利桑那大学将新建的树轮实验室临时安置在足球场西侧的露天看台下方，并向道格拉斯承诺：这个地方只是临时的。但当我在2011年到达图森时，亚利桑那大学树轮实验室依然位于在足球场的看台下面。如果你去体育场看一场美式足球的主场比赛，你会发现西边有一扇门上写着我的名字。直到2013年，亚利桑那大学才兑现了75年前的承诺，把树轮实验室搬到了一栋全新的建筑里。

树轮年代学自20世纪30年代在亚利桑那州南部一个不起眼的地方起源，作为一门学科，它经历了长足的发展。除了确定美国西南部史前历史的确切年代，作为一种精确的定年工具，树轮年代学还被广泛应用于考古、艺术和历史的项目中，被用来评估放射性碳同位素定年的准确性，研究过去 2000 多年的气候变化，在历史背景下评估 20 世纪和 21 世纪的干旱期和多雨期，研究地震、火山爆发、火灾和其他自然灾害与森林演化的历史。自亚利桑那大学树轮实验室建立以来，越来越多的树轮实验室在世界各地建立，这使得树轮年代学多种多样的应用成为可能。目前，世界上共有 100 多家树轮实验室，其中很多家都有至少一位经验丰富的树轮研究人员。例如，亚利桑那大学树轮实验室目前有超过 15 名专门从事树轮研究的人员，此外还有大约 50 名行政、技术和科普人员以及研究生和博士后。其他大型树轮实验室遍布北美和南美（如纽约的哥伦比亚大学、阿根廷的门多萨大学和加拿大的维多利亚大学）、欧洲（如瑞士的联邦森林、雪和景观研究所，威尔士的斯旺西大学和荷兰的瓦赫宁根大学）、俄罗斯（如克拉斯诺亚尔斯克的西伯利亚联邦大学）、亚洲（如北京的中国科学院）以及澳大拉西亚（如新西兰的奥克兰大学）。

树轮年代学在世界范围内的蓬勃发展带来了大量具有准确年代的树轮年表。幸运的是，树轮学家往往具有很强的协作精神。我们明白整体大于各部分总和的道理，乐于和同行以及更广泛的科学界同仁们分享各自辛苦获得的树轮数据。这些数据保存于国际树轮数据库[1]，它是由美国国家海洋和大气管理局（NOAA）支持的公开数据库。国际树轮数据库几乎涵盖了过去 100 年来树轮年代学的研究成果，包含了 4000 多个点位的数据。这些树轮年表

1　www.ncdc.noaa.gov/paleo/treering.html

在空间上覆盖了地球的大部分陆地表面，特别是在北半球，在时间上可以回溯到过去数百年至数千年。

　　然而，一个世纪的树轮年代学研究发展也向我们展示了这一领域面临的许多挑战和局限性。随着对这一学科的了解逐渐深入，我们越来越清楚地认识到，当道格拉斯搬到干旱的美国西南部时，那里的条件正好适合创立树轮年代学，这或许与我们的直觉相反。例如经常被道格拉斯使用的西黄松，它的年轮结构清楚、数量丰富、寿命长，在美国西南地区分布广泛，至今仍被科学家们所使用。350 到 400 岁的西黄松在美国西南地区很容易找到，亚利桑那州已知最古老的西黄松在 1984 年取样时已经有 742 岁了。与西南地区的其他大多数树木一样，西黄松的生长很大程度上取决于它吸收了多少水，所以它很好地记录了每年降水量的变化情况：美国西南地区每年降水量的变化很大，湿润和干旱年份的交替出现导致美国西南地区树木的宽窄变化具有一致性，因为它们都经历了同样的湿润和干旱年份。这种树木年轮宽窄变化的样式就像是一长串莫尔斯电码（宽—宽—窄—窄—窄—宽），其宽窄变化的特征非常显著，在西南地区所有的木材中均可发现。正是年轮这样的特征，使得活树、死树、古建筑中的木材、考古木材，甚至木炭和埋藏在地下的亚化石木材[1]中的年轮变化都可以相互对比和检验，这一对比和检验的过程叫作**交叉定年**（crossdating，见图 2）。例如，整个美国西南地区在 1580 年发生了极端干旱，导致西南地区

1　指未完全形成化石的木材，例如在湖泊底部发现的木材。

大部分树木和木材的年轮在 1580 年都非常窄，就连加州的巨杉也是如此。因此，1580 年可以作为一个标志年（pointer year）或基准，来确定未知年代木材的年龄，并验证活树的树轮变化序列是否准确。

除了西黄松的数量多、寿命长和对干旱天气敏感之外，美国西南部还有另一个优势，那就是普韦布洛人曾在他们的建筑中广泛使用松木，导致木材被大量地保存在遗址中。作为一种工具，这种考古木材将道格拉斯对现生树木的研究与西南部考古学联系起来。随着一个接一个的新发现，西南部的考古学受到越来越多的

什么是交叉定年？

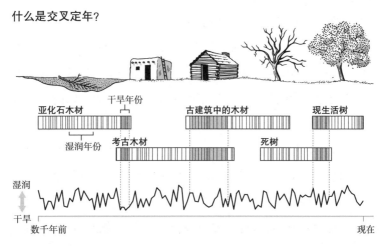

图 2　在雨雪充沛的湿润年份，树木生长良好，形成宽大的年轮；在干旱年份，树木受到干旱胁迫的影响，形成狭窄的年轮。湿润年和干旱年的交替出现，导致同一地区的树木年轮宽窄变化具有共同的特征，这种特征使得现生活树、死树、古建筑中的木材、考古木材，甚至木炭和埋藏在地下的亚化石木材中的年轮变化可以相互对比和检验，这一对比和检验的过程叫作交叉定年。

关注。寿命长、具有明显年轮结构且对干旱变化敏感的现生西黄松，加上考古遗址中大量保存完好的木材样本，二者共同解释了为何树轮年代学会诞生在亚利桑那州的沙漠里。假如19世纪晚期天文学研究的热点位于其他地区，而那里的森林生物多样性高于美国西南地区，树木的年轮结构不够清晰，树木生长受到干旱的影响较小，历史遗址分布稀疏且保存条件不好，那么树轮年代学可能会以完全不同的形式出现。我可能永远也不会从瑞士的阿尔卑斯山搬到美国的索诺兰沙漠。

相比美国西南部，美国中西部在开展树轮研究方面毫无优势可言。但在那里，第一位女性树轮学家弗洛伦斯·霍利·埃利斯（Florence Hawley Ellis）做出了开拓性研究。1930年，霍利参加了道格拉斯在亚利桑那大学主讲的树轮年代学课程。在查科峡谷开展了几年的树轮年代学研究并获得了博士学位后，她于1934年在新墨西哥大学取得了教授职位，直到1971年退休。霍利是密西西比河东部树轮研究无可争议的领军人物。她花了数年时间从密西西比文化（约900—1450）遗址中采集考古木材样本，并在美国中西部采集了1000多棵现生树木的样本，以建立考古浮动年表与现生树轮年表之间的联系。正如开拓新领域时经常发生的那样，霍利和她的团队面临着一系列挑战。他们在一个面积广阔但气候多样的地区工作，那里有新的落叶树种，但这些树种的年轮往往不清晰，很难进行交叉定年。除此之外，东部和中西部的许多森林在18—19世纪欧洲移民到来期间被大量砍伐，导致原始森林消失，古老的现生树轮年表很难建立。此外，与美国西南地区不同的是，由于气候湿润，中西部许多考古遗址中的木材很难保存下来。

在 20 世纪 30 年代末和 40 年代初的工作中，霍利和她的团队还遇到了那个时代特有的挑战。在第二次世界大战期间，霍利团队的一名成员被肯塔基州西部的农场主们指控为德国间谍。起因是农场主们发现这名成员在他们的土地上采集树木样本，并在他的汽车上搜到了一本德语课本。另一名成员则利用女性在科学领域相对弱势的地位来诋毁霍利，以此谋夺她的研究职位。为了掩饰自己的性别歧视行为，他在给霍利老板的信中写道："刘易斯（Lewis）希望并且要一个**男人**来做这份工作。求求你……请不要将这件事告诉别人。只有少数人知道去年霍利卷入了这件事，这件事泄露出去只会伤害她，所以我请求你聘用我，一切都会好起来的。"[1,2] 我很确信在某个地方也有一封关于我的类似邮件。在霍利成为首位女性树轮学家之后的 80 多年来，很多事情发生了变化。幸运的是，有些情况得到了改善；不幸的是，女性在科学领域面临的一些挑战仍然没有变化。

---

1 Roy Lasseter to Sid Stallings, 5 March 1936, emphasis in original, from *Time, trees, and prehistory: Tree-ring dating and the development of North American archaeology, 1914–1950,* by Stephen E. Nash（Salt Lake City: University of Utah Press, 1999），227.

2 1934 年，美国田纳西河流域管理局聘请霍利作为首席科学家开展树轮研究，但由于性别歧视，最终只给了霍利"树轮年代学研究助理"的头衔。在反对无效后，霍利愤然离开，该项目也无疾而终。——译者注

第二章　我在非洲数年轮

几年前的一个感恩节周末，我和蕾切尔（Rachel）、戴夫（Dave）开车从图森前往新墨西哥州的圣达菲（Santa Fe），以期在忙碌的期中考试后稍作喘息，这两位朋友都是亚利桑那大学的科学家。为了在长途驾驶中自娱自乐，我们玩了当时在"推特"上很流行的一款游戏《科学歌曲》，不同的是，我们用各自的研究内容来代替真实的歌词。蕾切尔和戴夫研究的是植物和土壤微生物的关系与陆地碳循环，我很难为他们找到合适的改编歌词。不过，为了向"平易近人"的树轮年代学致敬，蕾切尔改编了托托乐队（Toto）1982 年的热门歌曲《非洲》。"我在非洲数年轮"这句改编歌词[1]现在已经成为我们之间的一个玩笑，即便它表明我的好朋友认为我是靠数年轮来谋生的。

蕾切尔的改编基于这样一个事实：尽管我母亲心存疑虑，但非洲确实是我作为树轮学家事业的起点。那是 1998 年 7 月，我和另一名硕士生克里斯托夫·汉内卡（Kristof Haneca）在坦桑尼亚西北部的一次终生难忘的野外调查中采集了自己的第一批年轮样本。当

1　原歌词是"我祈求雨下在非洲"。

时坦桑尼亚是世界树轮地图上的一处空白地带，而我们却信心十足地认为自己可以改变这一点。我们的目标是在坦桑尼亚的热带季雨林中采集树木样本，从而考察当地树木是否可以形成年轮，如果可以的话，则判断它们是否能用于研究东非的气候变化。

克里斯托夫和我都没有到过欧洲以外的地方。我们不知道该采集什么树种，怎样找到这些树木，甚至不知道如何采集样本，如何说服非洲当地的机构与我们合作，以及如何将采集到的样本运回比利时。但我们用热情弥补了专业知识的不足。我们带了一些树木年轮采样器（也叫生长锥）、几把钢锯和一台 GPS，就登上了飞往坦桑尼亚最大城市达累斯萨拉姆（Dar es Salaam）的飞机。

我们确实知道的是，为了与我们在非洲唯一的联系人（一位在比利时的非洲博物馆工作的科学家）见面，我们必须在一个星期之内到达基戈马（Kigoma），这座城市位于达累斯萨拉姆以西 1200千米的坦噶尼喀湖畔。我们的旅程以 20 个小时的航班延误开始，随后一座铁路桥被大雨冲毁，导致乘 36 个小时的火车去基戈马的原计划落空，火车之旅的第一段被三天的巴士旅程所取代。就是在这个时候，我学会了野外工作的第一条规则：计划一定要制订，但要做好随时改变计划的准备。三天后，当我们终于登上前往基戈马的火车时，总算松了一口气，于是把背包扔在车厢的地板上，欣赏车窗外的风景。半分钟后，当我们转过身来才发现，一个背包不见了，连同它一起不翼而飞的还有 GPS 和树轮采样器。幸运的是，护照和旅行支票还在。这件事给我们上了另一课：不要把任何装备放在视线之外，哪怕是一秒钟。经过一周的旅行，当我们到达基戈马的时候，那位唯一的联系人却在当天早些时候离开了那里。我们眼巴巴地守着手里剩下的设备，没有了GPS和树轮采样器，这些设备也就没有多大用处了。

基戈马是坦噶尼喀湖东北岸的一座小城，在布隆迪（Burundi）边境以南64千米处。贡贝溪国家公园位于基戈马和布隆迪之间，珍妮·古道尔（Jane Goodall）就是在那里开展了她的黑猩猩研究。火车站位于湖边，沿着基戈马的主干道走8千米，就到了下一个城镇乌吉吉（Ujiji）[1]，这是一个古老的奴隶贸易中心。主路两旁有小餐馆和商店，还有一家旅馆、市场、银行和汽车站。基戈马虽然城市规模不大、地处偏远，却有着数量惊人的非政府组织，也居住着很多外国人，这些外国人被当地人称为"mzungu"，意思是欧洲人的后裔。克里斯托夫和我在众多的"mzungu"中很是扎眼，因为我们的预算紧张，无论去哪儿都是步行前往，包括8千米外的乌吉吉和6千米外的基戈马机场和气象站。我们的出现给了"mzungu"新的定义："漫无目的的流浪者"。

但是克里斯托夫和我在基戈马有一个明确的目标：采集树木年轮样本。大多数树木年轮样本的采集需要采样器，它是一个特制的中空金属管，并带有一个钻头。树轮学家利用这个工具从活树或者木材中钻取树芯样本（图3）。与电锯有所不同，利用树轮采

---

1 乌吉吉是1871年11月探险家亨利·斯坦利（Henry Stanley）遇见大卫·利文斯通（David Livingstone）的地方。当时斯坦利在中非洲寻找失踪的利文斯通，经过8个月的艰苦跋涉，斯坦利终于找到了病重的利文斯通，并向这位探险家若无其事地说："我想您就是利文斯通博士吧？"

图 3　利用树轮采样器对美国蒙大拿州黄石河河漫滩上的平原美洲黑杨（*Populus deltoides* ssp. *monilifera*）进行样本采集，之后把采集到的树芯样本放到白纸管中保存以便运输。德里克·舒克（Derek Schook）摄。

样器钻取树芯，使我们能够在不伤及树木的前提下提取树木年轮信息，或者只对木制历史建筑造成很小的损伤。不幸的是，我和克里斯托夫的树轮采样器在火车上弄丢了。因为不想为了研究而砍伐活着的树，我们决定寻找那些最近被砍伐用于木炭生产的树木，在这些原木或树桩上采样。从树轮研究的角度来看，我们是幸运的。基戈马周围的大片森林正在被砍伐以生产木炭，留下了大量的树桩供我们取样。

在一个位于基戈马的珍妮·古道尔非政府组织的帮助下，我们选择了附近一处刚被砍伐过的地点，在那里遇到了生产木炭的工人。他们只会说自己的母语，那是坦桑尼亚124种语言中的一种，这使得我们与他们的交流非常困难，尤其是向他们解释我们想要什么以及采样原因时。我们用手脚比画着，设法解释自己想做的事情，并用钢锯来演示。但这些以砍伐树木为生的伐木工表示，用斧子和砍刀要比钢锯更加称手和高效。那天结束时，我们带着两个背包回到了基戈马，背包里装满了被粗略切下的树干横切面样本，也就是树盘（cookies）。

在基戈马的最后一周，我们收集了气象数据，包括手工记录的70年来每个月的温度和降雨量数据，并安排将我们采集的30多个树盘运往比利时。我们把两个装满树盘的大邮袋放在火车站，在那里它们将被运往达累斯萨拉姆，之后再通过轮船运到比利时。一个大块头男人轻松地拿起那两个邮袋——仿佛里面装的是羽毛而不是木头——把它们扔到一个黑暗的角落里。在那一刻，我们忽然意识到也许这几个星期艰苦的劳动成果可能连基戈马火车站也走不出去，更不用说去比利时了。

六个月过去了，我们的样本仍然没有到达比利时。正当克里斯托夫和我惊慌失措，开始着手改变毕业论文课题的时候，两袋装满树盘的邮包奇迹般地出现在了非洲博物馆的台阶上。离毕业仅剩几个月的时间，我们在非常有限的时间里对树木年轮进行了预处理、测量、交叉定年和分析，然后撰写论文。我现在已经不记得当时是怎么熬过来的，唯一确定的是，在基戈马冒险的一年后，我们都成功毕业了。这最初的野外经历给我们两个都留下了深刻的印象，激励我们不断前行并体验更多。我们都选择了继续攻读树轮年代学的博士学位。[1]

我们在基戈马开展的树轮工作具有开拓性和探索性。这是学界首次在坦桑尼亚采集树木年轮样本，并考察了树轮年代学在坦桑尼亚的森林中是否适用。如果适用，那么我们将能够对气候变化历史进行重建，即利用树木年轮数据来重建气象记录出现之前的气候变化历史。为了实现这个目的，必须将该地区最古老、对气候变化最敏感的树木作为样本采集的目标。在我们的探索性工作中，克里斯托夫和我没有条件去选择最古老的树木进行样本采集。在有限的预算和紧迫的时间内，我们采集了尽可能多的样本，并且在这个过程中没有杀死任何一棵树。幸运的是，那次采集的树木样本显示出独特的年轮结构，我们由此建立了一个长38年、可交叉定年的树轮年表。

尽管长度仅有38年的树轮年表很难用于气候变化重建，但这样的探索性工作考察了哪些树木具有可用于交叉定年的年轮结构，哪些树木年轮的宽窄变化可以反映气候变化，这些为日后在一个新的地区利用树轮宽度研究气候变化提供了坚实的基础。树轮宽度的准确测量和与器测记录的对比验证是树轮气候学研究的关键，要做到这一点，我们需要测量过去每一年年轮的宽度。在完成树轮样本

1　克里斯托夫现在是一名成功的树轮考古学家，在比利时布鲁塞尔的弗兰德斯文化遗产机构工作。

的准确测量、交叉定年以及气候信息采集之后，我们就要尽可能地采集古树和地面上的枯树，来获得尽可能长的气候重建记录。

采集古树样本时，我们更喜欢用树轮采样器而不是砍刀或链锯，因为采样器不会杀死树木，甚至不会伤害树木。树木是由内向外生长的。最新的年轮紧挨着树皮，而最古老的年轮则在树的中心部分。形成层主要负责树木的生长，它是位于树皮和里面木材之间的一层很薄的细胞。新的木材细胞由形成层产生，并积聚在以前形成的（较老的）一层木材细胞外面。整个树干中，被树皮保护的这层薄薄的形成层是唯一有活力的部分。其他部分——树皮和木质部——都是由死去的细胞所组成的，它们的主要功能是保护树木不受到伤害，保持树干的稳定性，保证水分和营养物质在根和叶子之间的正常运输。水分的运输只发生在树干的外部区域，即边材，这部分只受到树轮取样的轻微影响。同样地，树轮取样只影响形成层中一块非常小的区域，通常是一根直径只有约0.5厘米的细圆柱，大约是一根筷子大小，所以对树木的影响几乎可以忽略不计。

利用树轮采样器对活树采样需要一定的体力，特别是面对木质坚硬的树种时，例如栎树。我们通过旋转操纵杆把采样器的钻头钻进树干内部，当钻到树心后反向旋转操纵杆，先取出树芯样本，再把钻头和钻杆从树干中取出。这一过程全靠人力完成，非常考验上半身的力量，尤其是当你一天要取几十个树芯的时候。这通常会让树轮研究的新手感到惊讶，因为有经验的树轮取样者已经习惯了这个过程，所以他们在展示如何钻取树芯时，通常表现出没有很费力的样子。无一例外的是，任何一个小组中都有至少一个这样的学生，在第一次尝试去取芯时，会抱怨采样器坏了，而没有意识到这是个力气活，与采样器无关。

然而，一旦你把树芯取出来后，一切为取芯而付出的辛苦就会立即得到回报。除非你的采样器被卡住，或者遇到了中心已经腐烂的树木，否则你将会得到一个树芯，你可以立刻看到上面的年轮。你知道这些年轮会变成成百上千的数据点，它们将被用于你的科学研究，而且不会伤害到树木，这是非常令人振奋的。幸运的话，你在树芯上看到的年轮将是狭窄而变化多样的，这意味着你取到了一棵老树。更幸运的话，采样器将会直接穿过树的中心，那样你就会得到树的髓心，这意味着你获得了这棵树所拥有的最老的年轮。[1]

一个由经验丰富的树轮学家组成的团队，每天可以轻松采集100到200份树芯样本，具体取决于团队的规模、树木的大小、地形的困难程度等。密切关注团队中谁能采集最多带髓心的样本，可以激励团队成员采集更多更好的样本。在完成一天的成功取样后，树芯样本很快就会堆积起来，把数百个样本捆绑收好将是对胳膊酸痛最好的回报。样本整理很重要，做完这一步意味着经过一整天艰苦的野外工作后，你会得到一个看得见的成果。那并不只是一张满是数字的纸，而是通过你所付出的努力获得的真实的、触手可及的样本。灵光乍现的时刻在科学研究中很少见，科学家的大部分工作（写论文、申请项目、著书）都是缓慢而渐进的。考

1　至少是取样高度上最老的年轮。

虑到科研工作普遍缺乏即时的满足感，拿到树芯样本后那短暂的满足感显得尤为珍贵。

不同的树讲述着不同的故事。一棵生长在森林下层中的树，一生中大部分时间都活在邻近高大树木的阴影下，它对邻居抱怨最多，受气候影响较小；一棵长在草地上的树可能会抱怨山羊或鹿吃掉了它的叶子；一棵长在地中海森林里的树可能会抱怨森林火灾使它的生活每隔几年就变得悲惨，而不是抱怨一个缺少阳光的阴郁春天。但是和人类一样，许多树也喜欢谈论天气。当干旱发生时，美国西南部的树木就会发牢骚，并通过狭窄的年轮表达它们的不满。瑞士阿尔卑斯山和阿拉斯加的北方森林则对寒冷的夏季更为敏感，因此它们的年轮变化会记录到极端的夏季低温情况。这些"抱怨"也就是限制树木生长的因素，在树轮研究中被称为限制因素（limiting factors）。

树轮气候学家的目标是尽可能可靠地重建过去的气候变化，所以在选择树种和采样地点时，需要密切关注树木生长的限制因素。我们选择的树木种类，其生长主要取决于（或受限于）气候年复一年的变化，几乎不受其他因素的影响。我们选择在稀疏的森林而不是茂密的森林中采集样本，因为稀疏森林中树木的生长很少受到来自邻近树木竞争等复杂因素的影响。我们也更喜欢偏远地区的树木和森林，因为那些地方人迹罕至，受人类的影响较小。例如，当我们打算重建弗吉尼亚州西南部的降雨变化时，我们避开了沿着阿巴拉契亚山道（Appalachian Trail）生长的树木，因为徒步旅行者经常把那里的树枝砍下来当柴火。没有树枝对树木来说是一个不利因素，就像火灾会给树木留下的疤痕或放牧会对树木造成的损伤一样，那种情况下气候便不再是树木生长的主要限制因素。

为了从树木中获取最强的气候信号，我们去往气候条件恶劣的地区。在那里，一棵树一年的生长量，即它的年轮宽度，会受到那一年天气条件的限制。如果我们想研究过去的干旱气候变化，我们将在干旱地区采样，那里的树木生长主要受降水不足的限制，而非寒冷；如果我们想重建过去温度的变化，我们会在寒冷地区采样，那里的夏季温度并不总是有利于树木生长。这就是为什么温度重建的研究主要以高纬度地区（西伯利亚、加拿大北部、斯堪的纳维亚）或高海拔地区（欧洲阿尔卑斯山）的树木为基础。相应地，干旱重建的研究主要集中于地中海和季风地区，那里降水较少而且具有明显的季节性。

在寻找生长于气候条件恶劣且偏远地区的老树时，树轮学家总能遇见毫无修饰的荒野之美。这通常意味着要经历在陡峭山坡上的长途跋涉，才能到达那些偏远荒凉的地区，看到那些令人叹为观止的自然景色。当被问及最喜欢研究工作中的哪一部分时，大多数树轮学家都会回答："野外。"这是最初吸引包括我在内的很多人从事这一职业的原因，现在依然激励着我们不断前行。

第三章　阿多尼斯、玛土撒拉和普罗米修斯

　　在野外，古老的树具有一些共同特征，甚至在照片上都可以辨认出来。这对我们野外采集样本非常有帮助。我们不必为了寻找最古老的树而对森林里的每一棵树进行采样，而是可以直接对那些看起来像是古树的个体采样，这样不但节省我们自己的时间，也保护了树木。观察古树的行家会注意到许多古树的共同特征：圆柱形而非锥形的树干、少量但粗大的树枝、巨大且暴露在外面的树根，外加一个死去的顶部。有些老树螺旋状生长，树皮呈长条状。和人类一样，老年（树龄超过 250 年）、中年（树龄在 50—250 年）和幼年（树龄小于 50 年）的树木看起来不一样。此外，树木也只有在幼年时才会长高，之后随着年龄的增长而持续变粗。一棵树能长多高，需要多长时间才能长到它的最大高度，在很大程度上取决于它的基因。一棵北美红杉（*Sequoia sempervirens*）长得要比你家后院的酸樱桃树（*Prunus cerasus*）高得多。事实上，生长在加州的一棵名为海伯利安（Hyperion）的北美红杉，其高度约是酸樱桃树高度的 8 倍，它有将近 122 米高，是世界上已知最高的活树。此外，树木高度还受到生长的土壤以及来自周围其他树木

竞争的影响。然而，一棵树的生长高度最终还是受到它本身种属的限制。

因为在达到最大高度后，树木就以长粗（径向生长）为主，所以在以长高为主的幼年期，年轻的树木看起来会呈现锥形的外观。树干的顶部因为是近几年新长出来的，所以只有少量年轮，且周长较小；而树干的底部则比较老，包含更多的年轮，周长也较大。当树木变老时，树木将停止向上生长，树干顶部的横向生长加速，若干年之后，顶部逐渐变粗，树干看起来由圆锥形变成了圆柱形。除此之外，树木的最顶端将会死去，树冠将在顶部展宽，看起来像一棵盆景树。此时树枝仍在继续变粗，老树的树枝和树根往往相当大。老树可能会失去较低的树枝，因为它们被高处的树枝遮挡住了，对光合作用和生长没有太大贡献。几个世纪的风雨侵蚀可能使古树的根暴露在外，而不是在地下。一些古老针叶树的新生细胞以一定角度生长，导致它们不是垂直向上生长，而是螺旋状生长，形成虬曲的树干。树木的螺旋状生长主要受到遗传因素和各种胁迫因素（如不对称的树冠、风和坡度）的影响，这会阻碍其成为具有较高经济价值的木材。这样的树木同样也阻碍了树轮年代学研究的开展，因为无法利用直进式树轮采样器获得有效样本。然而，寻找最古老和最难得到的树木样本是树轮气候学研究的重要一环。发现老树的快感可以激励树轮学家勇于直面野外工作中的困难，有时甚至有助于引领我们走向成功。

2015 年 7 月，我们在希腊北部的品都斯山脉（Pindos Mountains）

开展了为期 10 天的野外考察，寻找高海拔地区的古树。对我来说，品都斯山脉的野外考察是我承担的国家自然科学基金会项目的一部分，目的是利用树木年轮重建高空急流的变化模式。我一直在研究树木年轮和气候系统之间的联系，我的研究需要采集欧洲最古老的树木样本。为此，我联系了保罗·克鲁西奇（Paul Krusic），他不久前在巴尔干半岛找到了一些很老的树。保罗是剑桥大学一位颇有成就的树轮学家，他的野外工作经验非常丰富。他是一个随和、机智且动手能力很强的人，有着无与伦比的链锯使用技巧，也是一位路虎汽车爱好者。几年前，保罗偶然发现了一张照片，照片上是几棵非常独特的波斯尼亚松（*Pinus heldreichii*），拍摄地是品都斯山脉的最高峰斯莫里卡斯峰。这些松树毫无疑问是古老的，它们表现出了老树所具有的一切特征，更何况它们还生长在陡峭的岩石上。保罗知道，他必须亲自去看看那些树。

当保罗完成他在斯莫里卡斯峰的第一次野外工作回到剑桥时，他惊讶地发现，有一棵树的样本竟有 900 多个年轮。遗憾的是，在这次探索性的工作中，保罗所携带的最长的树轮采样器仅有半米多长，不足以获取那棵包含 900 多个年轮的古树的髓心。一般情况下，我们不会携带最长的采样器（长度约为 1 米），主要有三方面原因：（1）它们造价昂贵，而且用到的时候比较少；（2）它们很重，极大地增加了野外工作中需要背负的重量；（3）它们的直径比普通采样器（长度为 40 到 60 厘米不等）要宽，导致采样过程更困难，被卡到树里拿不出来的风险也更高。因此，为了提高效率和降低风险，我们通常只携带普通采样器，这些便足以获取大部分样本。只有在极少数情况下，才需要用到 1 米长的采样器。保罗正好遇到了这种情况。在那棵古树的深处还有更古老的年轮等待我们发现。现在唯一的问题是，那里还有多少未知的年轮？为了回答这个问题，保罗和我决定一起去斯莫里卡斯峰进行第二次大规模的采样。

我们秉承着不达目的不罢休的精神，"全副武装"地回到了斯莫里卡斯。更准确地说，我们这次组建了更大的团队，准备了更长的采样器，最重要的是带来了链锯，用来切割死树，采集样本。在第一次斯莫里卡斯之旅中，保罗注意到，随处都是被太阳晒得发白的枯木。这些是数百年前死去的古树遗留下来的树干。一想到这里，我不禁兴奋地想象，这些死去的老树很有可能被用于延长斯莫里卡斯的树轮年表，从而帮助我们获得更长时间上树木年轮宽窄的变化。

保罗带着他的儿子乔纳斯（Jonas），开着路虎一路从斯德哥尔摩的家前往希腊。乔纳斯仅有 12 岁，有着维京人特有的少年老成，他帮我们做记录，给样本贴标签，偶尔还会去采集树芯样本，对我们帮助很大。我们的团队还有另外两位来自德国美因茨大学的科学家，一位是简·埃斯珀教授，他身高 193 厘米，有着特有的幽默感，也是我以前的导师。另外一位是克劳迪娅·哈特尔（Claudia Hartl），尽管个子不高，但她对野外工作很在行。她精力旺盛、有条不紊，而且从不抱怨。

我们住在山脚下的萨马里纳（Samarina），这是希腊海拔最高的小镇。第一天早上，我们从镇上的早餐店出发，去往斯莫里卡斯峰的树线位置（treeline site），其间要在陡峭山坡上完成两三个小时的艰难跋涉。但在山脊上，在一片十分贫瘠的环境中，古老的树木在等待着我们。随着时间的推移，我们采集的样本越来越多，山间的跋涉似乎也变得容易起来。在海拔 1980 米的斯莫里卡斯峰树线位置，天气晴朗而温和。幸运的是，森林里没有蚊子，我们也没有遇到任何野狗、狼或熊，据说它们会在山里游荡。而且我们是在希腊，那里的人们很友好，还有美食和美酒相伴。在每天漫长的采集树芯样本和切割树盘工作结束后，我们会徒步下山，脱掉登山靴，换上人字拖，在上床睡觉之前享受一顿美妙的晚餐。

在这 10 个宁静的日子里，我们切割了 50 多个树盘，对包括保罗最初发现的那棵古树在内的 100 多棵树采集了树芯。接着，在 2016 年，我们又在这一地区开展了第三次野外工作，并派出了一支规模更大的队伍。最终我们用一支长达 1 米的树轮采样器获取了这里最老的古树样本，并将其命名为阿多尼斯（Adonis，希腊神话中的美丽和欲望之神），它的真实年龄超过了 1075 岁。那是在希腊最值得纪念的一天，我们从阿多尼斯的树干上取出了一个近 90 厘米长的树芯，但仍然没有获得这棵树髓心的样本。根据已获得的样本判断，这是目前欧洲已知最古老的活树！这棵树的发现堪称斯莫里卡斯野外工作的巅峰时刻，无论途中有多少艰难险阻，都是值得的。

当我们宣布在斯莫里卡斯峰发现了阿多尼斯后，我们主要受到了来自两方面的强烈反对："克隆树"团体和"遗产树"团体。两个团体都声称在欧洲可以找到更古老的树，并且能够可靠地测定其年代。在我看来，谁在这场争论中获胜取决于对"树"和"年代"的定义。克隆树是通过树木根部的无性繁殖进行传播和扩散的，新生的克隆树和原来的树具有共同的根系结构，基因上完全相同。根据放射性碳定年法，这样的根系结构可以存在超过 10 000 年，但是单个树干的年龄至多也就几百年。举例来说，潘多（Pando）是美国犹他州的一个克隆群落，由源自一棵颤杨（*Populus tremuloides*）的 4 万多根树干所组成，它的根系年龄估计达到了 8 万年，但单个树干的年龄很少能达到 130 年。如果树的定义中包含克隆树，那么欧洲最古老的活树是瑞典的"老齐科"（Old Tjikko），这是一棵 9550 岁的克隆欧洲云杉（*Picea abies*），以其发现者的爱犬命名。如果树木的定义中不包含克隆树，那么欧洲最古老的活树则是阿多尼斯，是我们在希腊发现的年龄超过 1000 岁的波斯尼亚松。

我第一次遇到关于遗产树的争论是在我参与发现阿多尼斯的很多年以前，那时我还生活在瑞士。我的朋友弗兰克（Frank）邀请我去他家吃晚饭，见他的新女友。她是一位爱好摄影的艺术老师。晚饭一切都很顺利，直到弗兰克提起他们即将去英国乡村度假，去寻访古老的欧洲红豆杉（*Taxus baccata*）。他的女友多年来一直迷恋着这种树，她声称这些欧洲红豆杉中有一些已经有 3000 多岁了，还引用了一些专门研究欧洲红豆杉的网站信息来支持自己的说法。然而，当我表示如果在英国有 3000 年的树，那么我这个以树木定年作为职业的专业人士肯定会知道这件事时，谈话的气氛变得紧张起来。我这个喜欢争辩的树轮学家对她的说法提出了质疑，而她则坚称自己不是在胡编乱造。不用说，这次聚会结束得比预期的要早。

回到家后，我浏览了弗兰克女朋友提到的网站，很快就发现了引发激烈讨论的核心问题。遗产树一般是具有独特文化或历史价值的高大、古老、单独的树木。在不列颠群岛的教堂墓地里发现的欧洲红豆杉就是一个很好的例子，还有在环地中海地区发现的古老的木犀榄（Olea europaea）和生长在西西里岛埃特纳火山上的欧洲栗（Castanea sativa，依英文俗称直译为百马栗）。19世纪的西西里诗人朱塞佩·博雷洛（Giuseppe Borrello）在一首诗中提到百马栗名字的来源，体现了这种树的文化重要性：

有一栗树，高耸入云

树冠巨大浓密，如天然华盖

托庇其下，风雨不惧，雷电不惊

王后乔万娜携百名骑士

前往埃特纳火山之时

突遇大雨，百骑驰至此树避雨

树于山谷之中，自然生长

神奇栗树，可纳百马

故有百马栗树之名

毫无疑问，遗产树是古老的，但它们的确切年龄通常是不清楚的。许多巨大的树木已经支离破碎，树干最古老的核心部分也已经腐烂。这使得无法利用树轮年代学或者放射性碳同位素定年法测定其年龄，因此这些树木的年龄大多是根据树木的大小或假定的生长速度来估计的。由于树木之间甚至树木内部（不同方向）的生长速度存在很大差异——小树比老树长得快得多——这些估计可能是不准确的。这个方法导致遗产树的年龄经常被高估，从而引起激烈的争论。例如，英国的欧洲红豆杉年龄很容易达到600年甚至800年，但这与北威尔士克卢伊德（Clwyd）名为利朗格尼维（Llangernyw）的欧洲红豆杉所称的4000年到5000年，或苏格兰珀斯郡（Perthshire）名为福廷格尔（Fortingall）的欧洲红豆杉所称的3000年到9000年，都相去甚远。从理论上讲，欧洲的一些遗产树可能有1000多年的历史，但迄今为止我还没有发现令人信服的证据。然而，这些年来，当涉及别人喜爱的事情时，我学会了要更有同理心。我认为我们可以有把握地得出这样的结论：阿多尼斯是经过树轮年代学定年确定的欧洲最古老的树木。

在评估遗产树的年龄时，还有一个额外的因素需要考虑：地理位置。目前世界上已知最古老的树木都生长在偏远、贫瘠的环境中，并受到环境因素的强烈影响。而在温和环境下，比如威尔士的乡村，或者在人类有悠久的木材使用历史的地方，比如西西里岛，树木很少能有非常长的寿命。原因在于，恶劣环境下树木生长受到严重限制，它们生长得极其缓慢。以阿多尼斯为例，它的直径平均每年的增幅还不足 2.5 毫米。这种缓慢的生长带来的直接结果就是非常狭窄的年轮和密度较大的木材。慢速生长使树木的木材比较致密，如针叶树的木材通常含有更多的树脂，这使它们更能抵抗昆虫、真菌和细菌的入侵，因此不容易腐烂。与之相对，快速生长的树木，如桉树（*Eucalyptus* spp.）和杨树（*Populus* spp.），通常会最大程度地利用春天的适宜气候形成大量的木材。在一块空地中，它们是最早开始生长的树种，是先锋物种（pioneer species），会在春季形成大量颜色较浅的木材细胞，这些木材细胞被称为早材。早材中的大型导管可以最大限度地将水分从根部输送到新长出的叶子，使得树木可以快速生长。美国东部的美洲黑杨（*Populus deltoides*）每年直径可增长 2.5 厘米。这些快速生长的先锋树种，其材质具有轻、软、弱的特征，很容易受到昆虫的侵害。先锋树种的生命就像它们的名字暗示的那样：努力工作，尽情玩乐，却英年早逝。这些开拓者遵循尼尔·杨（Neil Young）的信条：与其渐渐逝去，不如激情燃烧。

　　只有那些最坚韧的树才能经受住时间的考验。长寿松（*Pinus longaeva*）就是坚韧的化身。这些受环境影响而发育不良、形状扭曲的树木会随着年龄的增长而逐渐"褪色"。这是因为随着时间的流逝，越来越多的树皮消失了，长寿松把它们的生长能量集中在越来越少的树枝上，越来越多的树根—树干—树枝之间的连结随着长寿松的老去而相继消亡，到最后，最老的树只靠几条狭窄的树皮维系生命，这些树皮将仅存的几条树根和树枝连起来。这种脱皮的形态可以让树木保存能量，也避免了因火灾、闪电或极端天气造成树干或树枝的损伤而最终死去的悲剧。美国西部的大盆地是长寿松的家园，它们都超过 4000 岁了。目前，经过树轮年代学确定的最古老的长寿松年龄超过 5000 岁，于是该物种成为地球上最长寿的物种。

　　长寿松生长在干旱且缺少土壤的白云石山坡上，在这种环境中几乎没有其他植物可以生存，就连长寿松本身也很少，树与树之间相隔甚远。扭曲的树干和零落的叶子使得整个环境看上去稀疏而萧条。这样干燥的山地环境里，在蓝天的映衬下，长寿松看起来古朴而又超凡脱俗，激发了艺术家和作家的想象力。最古老的长寿松林位于加州东部怀特山的古长寿松林保护区，1957 年亚利桑那大学树轮实验室的埃德蒙·舒尔曼（Edmund Schulman）发现了这里的长寿松群落，一年后保护区就成立了。正如你所想象的那样，扭曲的树干，狭长的植物组织，死树表面深深的裂缝以及缺失的年轮，这些都使得对长寿松的交叉定年甚至是采样过程变得极其复杂。自 20 世纪 30 年代以来，舒尔曼一直跟随道格拉斯在亚利桑那大学树轮实验室工作，他已经为这一挑战做好了准备；夏天的大部分时间里，他都在美国西部的山里寻找古树。最终，"玛土撒拉"（Methusaleh）的发现为他的寻找画上了句点，这是当时已知最古老的活树，有 4789 岁，他以《圣经》中最长寿的族长为这棵树命名。玛土撒拉的年龄可追溯到公元前 2833 年，这棵树至今仍生活在古老的长寿松林里，但为了避免破坏，它的确切位置没有向游客透露（甚至也没有告诉到访的树轮学家）。

　　舒尔曼在发现玛土撒拉的一年后去世，享年 49 岁。事实上，许多长寿松的研究人员在年纪较轻时就去世了，包括亚利桑那大学树轮实验室的研究人员瓦尔·拉马尔什（Val Lamarche，

1937—1988）和一位 32 岁的林务员，他在山上采集完长寿松样本后，下山路上突发心脏病身亡。这种恐怖的巧合催生了一个关于长寿松诅咒的都市传说（更确切地说是"森林传说"）。在一些圈子里流传着这样的说法：无论是谁，只要研究这些最古老的树就会英年早逝。令人高兴的是，这种说法已经被一些可敬的同行证明是错误的，但是另一个关于长寿松树轮年代学的经典故事却变成了一个真正的噩梦。

在舒尔曼发现玛土撒拉七年后，一棵更老的长寿松在内华达州东部的惠勒峰（Wheeler Peak，位于现在的大盆地国家公园内）被发现了。它被当地的登山者命名为"普罗米修斯"，年龄是4862 岁，比玛土撒拉树年长 73 岁，从而取代玛土撒拉，成为当时已知最古老的活树。其中一名登山者达尔文·兰伯特（Darwin Lambert）回忆说，当普罗米修斯树还活着的时候，看过它的人不超过 50 个。可悲的是，直到它被砍倒，它的年龄才被世人所知。没错，为了数它的年轮，这棵世界上最古老的活树在 1964 年被砍倒了。

唐·柯里（Don Currey）当时是北卡罗来纳大学地理专业的研究生，他对测定和分析内华达东部的长寿松很感兴趣，试图以此推进他对美国西南部全新世冰川变化的研究。当他带着采样器到达惠勒峰时，遇见的第一棵树就是普罗米修斯。对于接下来发生的事情有不同的说法。有人说他的采样器太短或者被卡住了，还有人说他不知道如何对这么大且扭曲的树木进行取样，或者他更倾向于获得一个完整的树盘用于研究。不管动机是什么，他向美国林务局申请砍伐普罗米修斯树并得到了许可。当晚，在旅馆房间里，柯里对他从普罗米修斯树上砍下的树盘进行年轮计数。当他发现上面有4862个年轮时，他震惊了，因为他意识到自己刚刚杀死了当时地球上已知最古老的活树。

柯里犯下了不可原谅的错误。这一消息传出后，公众的愤怒随之而来。1968年，在《奥杜邦杂志》一篇题为《一个物种的殉道者》（Martyr for a Species）的文章中，兰伯特称柯里是一个凶手。在这之后，柯里更换了研究课题，并把他余下的科学生涯全部投入到盐滩的研究中。2001年，柯里罕见地在美国公共广播公司的《新星》（NOVA）节目中露面，他描述了自己意识到普罗米修斯树年龄的那一刻："我一定是做错了什么事。我最好重新数一遍年轮的数量。我最好再数一遍。我最好用倍数更高的放大镜仔细看看。"但不管他数多少遍，柯里发现的年轮个数总是比之前统计的还要多。而找到下一棵比普罗米修斯还要古老的活树，已经是近半个世纪之后的事了。2012年，亚利桑那大学树轮实验室的研究人员汤姆·哈伦（Tom Harlan）采集到了新的长寿松样本，这次他使用的是树轮采样器，并没有破坏这棵巨大的松树，而且最终确定它已经有5062年的历史，最内侧年轮形成的年代是公元前3050年。目前这棵树的外观和确切位置处于保密状态。

大盆地的高海拔和干燥的环境不仅使长寿松能够存活上千年，还有助于保存死去的树木。在这片贫瘠的土地上生长的植物不多，稀少的地表覆盖物和凋落物意味着自然火灾也不容易发生。长寿松生长的裸露石灰岩表面不适合分解木材的真菌和昆虫生活，所以在树木死亡后，含有树脂的树干和树枝在这种条件下仍可保存数千年。在21世纪初的几个夏天里，亚利桑那大学树轮实验室的研究人员带领志愿者到怀特山去寻找死去的长寿松并采样，这是一个匿名的长寿松狂热爱好者资助项目的一部分。研究发现，一些长寿松在8000多年前就已经死亡，之后一直躺在山上。通过将死去的长寿松与依然存活的长寿松年轮进行交叉定年，他们将长寿松的树轮年表延长到了公元前6827年。这个包含8800多年的树轮年表足以研究北美西部的气候变化及其数千年来对森林生态系统的影响。这个长达几千年、连续不断的树轮年表具有非常高的精度，在校准其他定年方法（如放射性碳同位素定年法）和其他古气候记录（如冰芯）方面也具有不可估量的价值。

鉴于玛土撒拉和普罗米修斯古树的故事，在北美所有地区中，西部拥有最长寿的树种也就不足为奇了。令人惊讶的是，并非所有这些长寿的树木都像长寿松一样扭曲而矮小。有些树木非常雄伟，如加利福尼亚州的巨杉和北美红杉，完全颠覆了人们对古树的刻板印象。在内华达山脉国王河峡谷生长的巨杉是道格拉斯1915年采集的第一批样本之一。此前几十年中，那里的巨杉林被大量砍伐，所以道格拉斯从剩下的树桩上采集了大量样本，这些树桩的直径有的超过了9米。道格拉斯采集到的最古老的树桩有3220岁。尽管经历了严重的砍伐，内华达山脉可能仍有年龄相同或更老的巨杉矗立在那里。这些巨杉实在是太大了，即使用一支1米长的采样器——就是保罗·克鲁西奇采集阿多尼斯时用的那种采样器——也不足以确定这些巨杉的确切年龄。美国西部的另一种巨树北美红杉能活 2200 多年。该地区还有其他三种树能活到 2000 年以上：西美圆柏（*Juniperus occidentalis*）、刺果松（*Pinus aristata*）和狐尾松（*Pinus balfouriana*）。

北美西部的地理条件是该区域出现大量长寿树木的原因之一，因为许多老树喜欢干燥的山坡，但是与人类的距离远近（交通便利程度）可能也会影响我们对长寿树木数量的判断。首先，美国西南部是树轮年代学的诞生地，拥有悠久的树轮研究历史和丰富的树轮研究项目。其次，美国西部大规模的森林砍伐直到 19 世纪才开始，与其他地区相比要晚得多。例如，欧洲绝大多数原始森林是在罗马时代被砍伐的，没有早于罗马时代的树木被保存下来也就不足为奇。最后，北美西部完善的基础设施也有助于树轮学家找到古老的树木。即使是美国西部最偏远的地区，也比西伯利亚或坦桑尼亚等地更容易到达。相信我，我试过了。

北美现存最古老的树有 5000 多岁，而欧洲最古老的树只有 1000 多岁。在几乎所有其他大陆上，我们都能找到年龄大致在这个范围内的古树。位于塔斯马尼亚的泣松（*Lagarostrobus franklinii*）是大洋洲最古老的活树。被称为树轮年代学教父的埃德·库克（Ed Cook）和他在哥伦比亚大学拉蒙特 - 多尔蒂树木年轮实验室的团队在 1991 年发现了这棵树并对它进行了样本采集，当时它的年龄将近 2000 岁，最内侧年轮形成的年代是公元前 2 年。在非洲，摩洛哥阿特拉斯山脉的一棵北非雪松（*Cedrus atlantica*）的年龄为 1025 年。后来它的年龄被纳米比亚的一棵猴面包树（*Adansonia digitata*）超过了，据估计这棵猴面包树的年龄为 1275 岁，但因为这棵树的年龄是通过放射性碳同位素定年法而非树轮年代学方法测定的，其结果大概有 50 年的误差。在确定树木年代方面，放射性碳同位素定年法不像树轮年代学那么精确，但猴面包树没有明显的年轮，所以很难用树轮年代学方法定年，放射性碳同位素定年法为确定没有清晰年轮树木的年龄提供了可能的最佳估值。亚洲已知最古老的活树[1]是一棵刺柏（*Juniperus* sp.，它在 1990 年被采集时是 1437 岁），它生长在巴基斯坦北部喀喇昆仑山区的林线（timberline）上部。

毫无疑问，在这些大陆上都有一些尚未被我们发现的更古老的树木，但具有准确年龄的最古老树木主要发现于美洲。在南美洲，智利阿莱尔塞科斯特罗国家公园里生长着一棵智利乔柏（*Fitzroya cupressoides*），它在 1993 年被发现时已经有 3622 岁了，被当地人称为"伟大的祖父"。落羽杉（*Taxodium distichum*）是北美东部最高大和最长寿的树木。2018 年，阿肯色大学的戴夫·斯塔勒（Dave Stahle）在北卡罗来纳州黑河沿岸采样时，发现了已知最古老的落羽杉，当时它至少有 2624 岁。这种生长在沼泽里的庞然大物可以轻松达到 46 米高，直径可达约 3.7 米，胆小的人可不适合对它取样。为了爬上树干底部高达 3 米的板根来获得合适的样本，戴夫穿着带有攀登尖刺的鞋套去爬树，这些尖刺能穿透

1　根据最新的研究结果，目前亚洲已知最古老的活树是生长于我国青藏高原阿尼玛卿山地区的一棵祁连圆柏，其最内侧年轮形成于公元前 379 年，在 2011 年被发现时是 2390 岁。上述信息来自中国科学院地理科学与资源研究所的邵雪梅研究员。——译者注

树皮，但不会伤害到树。戴夫告诉我："我用这种方法成功地爬上了大约 1000 棵落羽杉。"他用绳套和吊索把自己挂在树上，来保证在高处采样时的安全性。戴夫解释说："树实在太高，没有站立的地方。给自己绑上绳子，挂在树上，你就可以选择合适的位置，有效地推拉采样器来获得样本。但落羽杉有一个优点就是它的木材很软，对它取芯就像从黄油中取芯一样容易。一旦你把采样器钻进树木内部，真正的取芯就没那么难了。"

尽管落羽杉生长在潮湿的环境中，它们却能很好地记录沼泽水位的变化。当水位高的时候，树木享有良好的水质（溶解氧浓度高，营养物质丰富），树木便生长良好；当水位低时，水质较差，树木则生长缓慢，形成较窄的年轮。不幸的是，这种高大的落羽杉会产生迷人的浅棕色和红色的木材，而且耐腐烂；所以非常适合用于建筑。19 世纪末至 20 世纪初，落羽杉在美国东南部被大量用于商业目的，导致了过度砍伐。时至今日，只剩下三块面积还算可观的老龄落羽杉林地：在南卡罗来纳州和佛罗里达州南部各有一个保护区，以及阿肯色州的一块私有地。

因此，对于想要找到古老落羽杉的树轮学家来说，可选择的方式不多。一是寻找埋藏在水底的古老树木。19 世纪末，落羽杉主要依靠手工砍伐，然后利用河流把木材从原始森林中运到下游的工厂。这些木材大多是寿命比较老、树干笔直的大树，但由于途中下沉或者被卡住，所以没能被运到工厂。这使得不少数百年的木材被掩埋在美国东南部许多河流的底部。由于没有活的大树可供砍伐，这些埋藏木（sinker wood）在品质上具有无可比拟的优势，可以卖到数千美元。尽管从河岸和河床底部采挖埋藏木会面临遇到鳄鱼和毒蛇的危险，但美国东南部专门从事这项业务的公司还是如雨后春笋般涌现出来。聪明的树轮学家可能会说服这些公司，在把这些埋藏木变成令人垂涎的家具之前，先切下一块树盘用于树轮年代学研究。另一种方式暗含于落羽杉的绰号"永恒之木"当中。这种方式颇具野心，同时也需要极大的毅力，即利用现生活树和埋藏木建立长达十万年的树轮年表。沿着美国东南部大西洋沿岸的冲积平原，人们从沉积物中发现了未石化或者亚化石状态的落羽杉树桩和倒木。沃克间冰期沼泽（Walker Interglacial Swamp）就是这样一个埋藏落羽杉的地点，它距离华盛顿特区市中心的白宫仅四个街区。沃克沼泽里的树桩，大约 13 万年前就在那里生长了，它们的根至今还保留着，一直保持着直立状态。迄今为止，世界上最长的落羽杉年表已经长达 2600 年，而世界上最长的连续树轮年表在此基础上又增加了 1 万年。但想要建立新的树轮年表，把现生活树年表与沃克沼泽埋藏木年表连接起来，我们还有很长的路要走。

第四章　快乐的树

　　我们知道树木可以存活上千年，也很清楚如何在野外找到这些古老的树木并对它们进行样本采集（在不使用链锯的情况下）。但是，应当如何从这些古老的树木中获取准确的年代学信息呢？又该如何把它们的特征转化成我们可以利用的信息，来确定价值连城的小提琴的制作年代，或者重建过去的全球温度变化历史呢？

　　里德·布莱森（Reid Bryson）和托马斯·默里（Thomas Murray）在 1977 年出版的《饥馑的气候》（*Climates of Hunger*）一书中写道："自然界的变化会被准确地保存在各种地质和生物材料中。但我们有时候不能正确地理解这些信息是如何被记录到的，这是造成信息提取困难的根源。"树木是自然变化忠实的记录者，它们从不说谎。但是要正确地解读树木中蕴含的故事，我们需要用心去读它们的年轮变化。这需要一点点天赋、大量训练和长时间的研究，以及对树木如何记录自然变化的正确理解。幸运的是，对树轮学家来说，树木是相对简单的生物。它们起源于一个遥远的地质时代，那时人类还没出现，生命形式还比较简单。树木能活动的部分和冗余部分都比人类少得多——没有尾骨，也没有男

　　　　　　　　　　　　　　年轮里的世界史

性乳头。为了找到树中蕴含的有关自然变化的丰富信息，我们必须学会如何观察。

当苦心收集到的树木年轮样本从野外运回实验室，树轮学家首先要用胶水将树芯粘到木制支架上固定树芯，以便在显微镜下观察树芯的表面。接着，要用砂纸对样芯进行打磨，原因在于：如果不对样芯进行打磨，就很难看清每个年轮之间的边界，无法区分年轮之间的宽窄变化，也就无法对每一个年轮的宽度进行准确测量。做过木工活儿的人肯定会懂得欣赏经过打磨的坦桑尼亚树盘——我们曾用80到1200目[1]不同粗糙度的砂纸打磨坦桑尼亚树盘，最后还对树盘进行了抛光。这种利用超细砂纸的打磨可能有点过于精细，因为大多数样本用400到800目的砂纸打磨就已足够。但是我们采集的坦桑尼亚样本年轮边界非常窄，一般只有几个细胞的宽度，所以需要用更细的砂纸来打磨，以获得更高的清晰度，从而看清年轮之间的边界。

当你通过显微镜仔细观察打磨后的木材时（这里强烈建议你尝试一下），你可以看到单个木质部细胞，甚至细胞壁的细节（图4）。树木是一台结构简单而效果出色的捕获碳的机器，这也体现在它们的生理学和解剖学特征上。每个细胞都有一项不可或缺的特定功能。在针叶树中，一个个木质部细胞像罗马士兵一样排成

---

1 目数是指单位面积砂纸内研磨材料的个数。粗砂纸的目数比较小，细砂纸和超细砂纸的目数比较大。

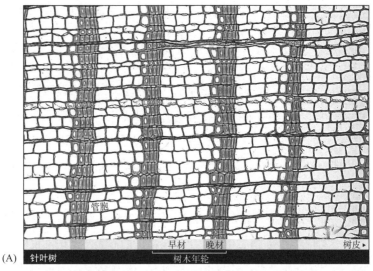

(A) 针叶树　　　　管胞　　　　早材　晚材　　　树皮▶
　　　　　　　　　　　　　　　　　树木年轮

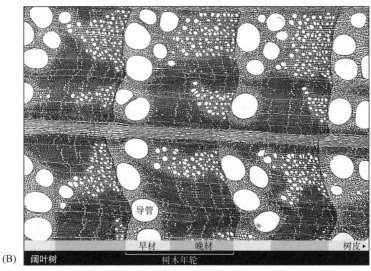

(B) 阔叶树　　　　导管　　　　早材　晚材　　　树皮▶
　　　　　　　　　　　　　　　　　树木年轮

图4（A）针叶树的管胞呈方形，在树木生长过程中形成整齐的线。早材细胞较大，
细胞壁较薄；晚材细胞形成于夏末和秋季，细胞较小，细胞壁较厚。（B）阔叶树的
细胞具有复杂而独特的结构。这些圆形区域是导管，用来运输水分。一些树种（如栎
树）早材中的导管较大，晚材中的导管较小，从而形成清晰的年轮和美丽的木纹。

直线，以达到最佳的强度和功能。在演化得较晚的阔叶树中，木质部细胞具有更加复杂和引人注目的结构，每个树种的木质部细胞结构都是独一无二的，因此一个训练有素的木材解剖学家可以仅通过观察木质部细胞来识别树种。

树木在春天时要比秋天更具活力，因为经过一个冬季的良好睡眠，树木得到了充分的休息，而秋天的树木正在为漫长的冬季休眠做准备。在春天形成的木质部细胞被称为早材，它的结构反映了树木在春天活力十足的生长过程。针叶树的早材细胞较大，细胞壁比较薄[1]，阔叶树则在早材中形成专门用来运输水分的导管细胞。针叶树和阔叶树的早材细胞可以在春天时最大限度地把水分和营养从根部输送到正在生长的树冠。在生长季后期，结构的支撑和碳的储存对树木的重要性超过了水分运输，因此在夏末和秋季形成的细胞比较小，细胞壁较厚，密度比较大，这些细胞被称为晚材。一些阔叶树树种早材中的导管细胞要比晚材中的导管细胞大得多（最显著的就是栎树［俗称橡树］）。这些含有大导管的早材和小导管的晚材交替出现，形成清晰的年轮和美丽的环孔结构。栎树早材中的导管通常很大，你用肉眼就能看到它们，例如一张橡木桌子的侧面，尤其是短边。

生长在温带森林的树木通常每年都会经历这样一系列变化：春天时早材快速生长，到了秋天过渡到晚材生长，然后在冬季休眠期停止生长。细胞结构从前一年具有小细胞的晚材突然转变到下一年具有大细胞的早材，这种细胞大小的突变形成了一条清晰

---

1 针叶树的木质部细胞称为管胞。

的边界，使得我们可以区分前一年和后一年形成的树木年轮。因此我们能够看到清晰的年轮边界，并对年轮进行计数，测量年轮宽度。但在气候季节性变化不明显的地区（例如热带地区，温度和白天的长度在一年当中基本没有变化），树木年轮之间的边界往往并不存在。热带气候足够温暖湿润，树木可以全年持续生长，所以许多热带树木并不需要在冬季休眠，也就不会形成可以明确区分的早材、晚材以及年轮之间的边界。因此，热带树木的定年对树轮学家来说是一个挑战。与温带和寒带地区相比，热带地区（如坦桑尼亚）的树轮年表非常缺乏，这在世界树轮年代学研究中仍是一个巨大的、几乎空白的领域，还有很多未知等待探索。

年轮最容易识别的针叶树在热带地区相当少见，这也导致了热带树轮年表的缺乏。但就像所有规律都有例外一样，"热带没有树轮年表"这条规律也有例外。东南亚的柚木（*Tectona grandis*）就像温带的栎树一样具有环孔结构，早材具有较大的导管细胞，晚材的导管细胞则相对较小，这种导管细胞大小的变化形成了美丽的年轮。柚木早在 20 世纪 30 年代就被用于建立长达几个世纪的树轮年表。由于气候的季节性变化，生长在巴西亚马孙洪泛平原地区的阿拉帕里树（*Macrolobium acaciifolium*）形成了清晰的年轮结构，每年 4 到 8 个月的洪涝期会导致土壤缺氧，树木生长停止，从而触发休眠。

我热爱树木，但我不是一个极端环保主义者。我只在两种情况下认为树木是有情感的生物：一是在给侄子读《爱心树》（*The*

Giving Tree）绘本故事的时候，二是当我解释树木交叉定年（即比较不同树木年轮的宽窄变化的过程）的时候。当树木拥有足够的食物和水，并且没有其他树与它们竞争或攻击它们时，它们就会很高兴。在快乐的年景，树木生长顺利，形成宽厚的年轮；在不那么快乐的年景里，它可能遭遇干旱、寒冷，或者被飓风刮掉枝叶，树木用于生长的能量便由此损耗，形成较窄的年轮。因此，树木的幸福程度受到气候的强烈影响。树木不仅受到季节性气候变化的影响，在环境不利的季节休眠；而且还受到年际气候变化的影响，在气候不好的年份其生长被抑制。对于树木来说，这些"恶劣气候年份"是由寒冷还是干旱造成的，取决于它们的生长地区。在美国西南部这样的半干旱地区，干旱会抑制树木生长，使得树木在干旱的年份形成狭窄的年轮。而在高山和北极地区，导致树木形成狭窄年轮的则是寒冷而非干旱。但是在一个给定的区域内，一旦恶劣气候发生，无论是干旱还是严寒，都会对这一年整个区域内大多数树木的生长产生影响，形成狭窄的年轮。

在美国西南部，干旱的年份会导致大多数树木形成狭窄的年轮，同样地，树木在降水量充足的年份会形成较宽的年轮。湿润年份（树木快乐）和干旱年份（树木不快乐）的变化信息被记录到年轮宽窄的变化中，这种树轮宽窄的变化模式就是我在第一章中提到的"莫尔斯电码"。对不同树木进行交叉定年的过程，就是在对比不同树木年轮宽窄的变化模式。我们主要是通过观察或者利用统计方法来实现交叉定年，最常见的情况是二者都会用到。我们先测量所有样本的年轮宽度，然后通过观察和统计的方式确定不同样本宽窄变化的匹配模式。这些过程是在一个可移动的数字测量平台上进行的，只要点击鼠标就可以测量并记录每个年轮的宽度（图5）。然而，测量大量样本的年轮宽度是一件费时费力的工作。以研究树轮年代而不是气候变化为主要目标的科学家（例如树轮考古学家），则可以绕过这些步骤。即便在没有数字化设备帮助的情况下，他们也能通过观察手中样本的特征，将样本与自己记忆中的区域树轮宽窄变化模式相比对，完成样本的交叉定年，从而确定树木的年代。

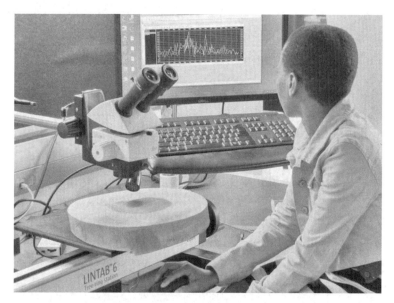

图5　树轮学家扎基亚·哈桑·哈米西（Zakia Hassan Khamisi）正在使用与电脑相连的树轮宽度测量平台对取自坦桑尼亚的斑马木（*Brachystegia spiciformis*）树盘进行宽度测量。这一操作平台还可以用来绘制年轮宽窄变化图。图片由亚利桑那大学树轮实验室提供。

道格拉斯最初创立了通过观察来实现交叉定年的方法，该方法的核心是找到年轮宽窄变化显著而独特的序列。这样的序列以一个年轮变化非常明显的特征年（例如年轮非常狭窄的一年）开始，包括一系列明显的宽窄变化，就像莫尔斯电码的片段，被道格拉斯称为"树轮签名"。当道格拉斯开始为美国西南地区的考古样本确定年代时，他首先检查年代未知的样本是否存在他所知道和认识的年轮变化特征，例如公元611年（窄）—615年（窄）—620年（窄）的特征。如果上述特征出现在一个样本中，他就可以利用这个特征提供的锚定年代，为年代未知的样本进行交叉定年（图6）。如果把道格拉斯发现的树轮签名与人类历史相比较，我们会发现公元610到620年间，穆罕默德得到神的启示，开始在麦加布道，创立了伊斯兰教。训练有素的树轮学家通常会记住某一特定地区大多数树木常见的树轮签名和跨越几个世纪的年轮宽窄变化序列。仅仅通过观察年代未知的树轮样本，树轮学家就能将在显微镜下看到的样本特征与头脑中的区域树轮序列匹配起来，从而获知样本的年代。

　　当我研究加利福尼亚州内华达山脉的样本时，18世纪末到19世纪初的树轮签名是这样的：

　　　　1783：窄

　　　　1792：宽

　　　　1795：窄

　　　　1796：非常狭窄

树轮签名

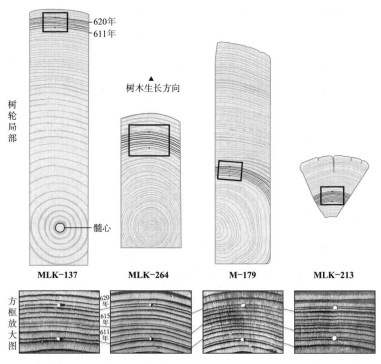

620年
611年

树木生长方向 ▲

树轮局部

髓心

MLK-137　　　MLK-264　　　M-179　　　MLK-213

方框放大图

620年
615年
611年

图 6　树轮签名是由显著的年轮宽窄变化组成的独特组合。这四个样本的宽窄变化体现了公元 611 年（窄）—615 年（窄）—620 年（窄）的特征，这个树轮签名被道格拉斯作为标准用来对美国西南地区的考古样本进行交叉定年。

1809：宽

1822：窄

1829：非常狭窄

以上是年轮宽窄变化显著的年份，该时段其他年份的年轮宽度变化则不显著。上述时段中年轮变化最显著的一年是1796年，也就是乔治·华盛顿（George Washington）总统任期的最后一年。这一年内华达山脉地区一定非常干旱，因为在我观察过的几乎所有样本中，该年份形成的年轮都非常狭窄。当分析一个年代未知的样本时，我要做的第一件事就是寻找能够找到的最窄的年轮。既然已知1796年的年轮几乎在每个样本上都非常狭窄，接下来的工作就是判断样本中最窄的年轮是不是1796年形成的。我们在内华达山脉采集的大部分样本，来自1850到1900年间加利福尼亚采矿繁荣时期树木被砍伐所留下的树桩。因此，要想找到1796年的狭窄年轮，需要从样本边缘（最外层的年轮）往里面数大约50到100个年轮。

为了检验我的假设（即最窄的年轮是1796年形成的），下一步需要确定位于最窄年轮内侧的那个年轮是否也比较窄，因为树轮签名中1795年也形成了一个窄的年轮。如果确实如此，那么我会再往前数三个年轮，看看1792年的年轮是否比较宽。然后再往前数9年，看看1783年的年轮是否比较窄。接着，再从最窄的年轮往后数13年，看1809年是否比较宽，1822年是否比较窄，等等。这样，很快就能搞清楚，观察到的样本年轮宽窄的变化模式是否与树轮标准年表的变化模式（即树轮签名）相匹配，从而检验最窄的年轮是否形成于1796年。如果假设成立，那么我将继续比对1796年以前的所有标志年，直到树木最里面的一个年轮——这些样本的生长年代大多可以追溯到15世纪甚至更早。随后再比对1796年以后的所有标志年，确定样本最外层年轮的年代，并判断树木被砍伐的时间。内华达山脉1783—1829年的树轮签名本身并不足以可靠地完成交叉定年，但它给我提供了一个切入点。如果选择的第一个窄年轮所对应的一组年轮特征与内华达山脉1783—1829年的树轮签名所指示的年轮宽窄变化不相符，那么我将重新开始整个过程，寻找可能是1796年的另一个窄年轮。通过这种方法不断尝试，直到找到与树轮签名相匹配的年轮。样本分析的初始阶段是漫长而令人沮丧的，不过我们利用这个方法最终确定了内华达山脉1800多个样本的年代。

记住一个特定地区树轮签名的方法，就是观察该地区的大量树轮样本，然后再观察更多的样本……没有两棵树木的宽窄变化是完全相同的，即使来自同一棵树的两个样本也不会完全相同！但如果样本来自相同的区域，它们就具有共同的标志年。当你研究的样本越多，这些标志年也会变得越来越明显。当你研究了似乎无穷多个样本后，很多树所共有的那些标志年便开始脱颖而出，甚至在你意识到之前，这个区域的标志性年份序列就已经出现在脑海当中了，或者起码写在纸上了。在为期两年的内华达山脉考察项目结束时，我已经完成了对近2000个样本的交叉定年，明确地知道应当如何找到1796年的窄年轮。当我走进实验室，可以从一堆没有确定年代的样本中随便抓出一个样本，在用显微镜观察之前就找出1796年那个狭窄的年轮。

我们采用基于多个样本提取共同信号的原则构建一个区域的标准树轮年表，并且以此为依据，为没有确定年代的样本进行定年。因为标准年表的建立是基于最外层树轮年代已经确定的活树[1]，它具有准确的年代信息，提供了该区域树轮宽窄变化的"莫尔斯电码"。标准年表包含的样本数量越多，就越能准确反映样本间树轮宽窄变化的共同模式，因为每个样本特征不同而导致的非标志年变化的随机性相互抵消。通常来说，当为一个新区域建立标准年表时，我们至少要选取 20 棵树（通常会更多）采集样本，以保证有足够的样本量来获取树轮宽窄变化的共同模式。

正如我们需要足够数量的样本来进行可靠的交叉定年一样，我们也需要每个样本所跨越的年岁足够长。采集的树木或木梁样本的寿命越长，可供交叉定年的年轮就越多。一棵树在被砍伐或取样之前生长的时间越长，它所经历的异常气候和异常生长的年份就越多，可供我们与标准年表对比的标志年也就越多，匹配过程中所产生的不确定性以及犯错误的概率也就越低。你可以把交叉定年的过程想象成拼图游戏：一块拼图的边缘越是参差不齐，它能放进去的地方就越少，把它放对地方的概率也就越大。实际上，这道谜题只有一个正确答案，因为在样本和标准年表之间仅存在唯一正确的匹配。每棵树只生长一次，因此它的年轮宽窄变化模式只会与树轮标准年表中一段特定的时间相吻合。尽管你可以试着用力把一块锯齿状的拼图塞进不属于它的地方，但它仍然会跳出来，这只不过是在欺骗自己。树木和它们的年轮不会说谎。

仅仅通过观察一块木头的宽窄变化来测定它的年代，是一件令人兴奋的事情。一旦你的大脑得到训练，交叉定年将会成为一

1　即树木样本的采集年份为我们所知。

项让人心满意足的活动，哪怕到达那里的道路是困难的，学习的过程是艰苦的。整个过程需要极高的专注度，如果你缺乏睡眠或者被其他事情所干扰（比如实验室同伴在用潘多拉电台大声播放吵闹的音乐），效率就很有可能受到影响，甚至导致失败。交叉定年的过程是树轮年代学的真正核心——这也是为什么树轮年代学是一门学科，而不仅仅是数年轮而已。

在交叉定年的过程中遇到的另一个障碍是偶尔出现的缺轮和伪轮。一些抗压能力不强的树木在极度干旱的年份会放弃生长，导致树木并未形成狭窄的年轮，而是直接把这一步跳了过去，造成缺轮。就好像这棵树的心脏跳过了一拍，结果就少了一个年轮。这种消失的年轮在干燥的环境和古老的树木中更常见。1580年整个美国西南地区（包括加州）非常干燥，导致很多树木在那一年没有生长，并未形成年轮。对于训练有素的眼睛来说，大多数"丢失"的年轮都可以通过交叉定年轻而易举地找到。如果你知道区域标准年表的树轮宽窄变化模式，那么样本中缺失的年轮就会显现出来。你将注意到，显微镜下看到的年轮宽窄变化比头脑中标准的年轮宽窄变化少了一轮。

相反的情况也会发生，即一棵树有时会在一年中形成一个以上的年轮，称为伪轮。伪轮在季风气候区的树木中比较常见。晚春时节，夏季风来临之前的干旱可能会让树木误以为秋天将至，在这种情况下，树木会提早开始形成密度更大的晚材细胞；而当夏季风来临后，树木便意识到自己的错误，重新开始形成体积较大的早材细胞；当真正的秋天到来时，树木就会在同一年形成第二层晚材细胞。在显微镜下，季风季节前形成的假晚材细胞与秋季形成的真晚材细胞很容易区分。伪轮中，假晚材细胞与后续季风季节形成的早材细胞之间的过渡是渐变的，而真晚材细胞与下一年形成的早材细胞之间是突变的，二者之间的界限非常明显，由此就能够识别出伪轮。伪轮在某些树种（比如刺柏）当中更常见。就像缺轮一样，伪轮可以通过交叉定年的方法被识别出来。如果缺轮和伪轮没有被正确地识别和发现，就会导致年轮形成的时间被错误判断，影响树轮年表的准确性。

通常来说，交叉定年在树木生长受单一气候因素限制的地区最为有效，也是最容易的方法。因为这一气候因素的变化以相同的方式影响着该区域的大部分树木，所以这个地区大多数树木的年轮宽窄变化会反映一个共同限制因素的变化，即具有相对一致的宽窄变化模式，交叉定年也将取得非常可靠的结果。我在内华达山脉项目中进行的第一次交叉定年之所以进展顺利，就是由于加州曾经历过非常严重的干旱（比如2012—2016年的干旱或1796年的干旱），旱灾影响了大多数树木的生长，导致它们形成了狭窄的树木年轮。美国西南部的西黄松也经历过频繁的严重干旱，这就是道格拉斯得以在那里发展和应用交叉定年方法的客观原因。

然而，交叉定年有时也以神秘的方式发挥作用，其有效性背后的原因并不像美国西南地区那么明显。迄今为止，世界上最长的连续树轮年表是利用在德国砾石坑中发现的夏栎（*Quercus robur*）和无梗花栎（*Q. petraea*）亚化石建立的。这些亚化石是曾经沿着德国主要河流（莱茵河、美因河、多瑙河）生长的森林遗迹。随着时间的推移，这些森林受到了侵蚀，只有树干保留下来。当树木在水中或泥炭中倒下后，便被保存在缺氧环境中，需要氧气来分解木材的微生物在那里无法生存，于是木材得以保存数千年甚至上万年。栎树和松树是曾经生活在这些森林里的主要树种，其中绝大多数死亡时还不到 300 岁，之后它们被沉积物掩埋，给我们留下宝贵的研究材料，使得我们可以利用交叉定年的方法将树轮年表延长到一万多年以前。德国的栎木年表包含了 6775 个样本，从现在一直追溯到公元前 8480 年，也就是说，这个年表连续覆盖了 10 500 多年，中间没有断开。后来，科学家将其与在同一地区发现的更古老的欧洲赤松（*Pinus sylvestris*）亚化石样本进行交叉定年，将树轮年表又向前推进了大约 2000 年。

在一块现生树木年龄很少超过 1000 年的大陆上，建立这样一个跨度上万年的树轮年表堪称一项壮举。当我们把视野扩展到不列颠群岛，观察由贝尔法斯特大学的树轮学家迈克·贝利（Mike Baillie）建立的爱尔兰树轮年表与德国树轮年表之间的关系时，一个令人费解的问题出现了。迈克利用保存在爱尔兰泥炭沼泽中的古代栎树（夏栎和无梗花栎）建立了一个长达 7272 年的树轮年表。事实证明，德国和爱尔兰的栎树年表在整整 7000 多年的共同时段都可以互相对比，用于交叉定年。不过，我们并没有完全理解其中的原因。目前，我们还不知道是什么因素让德国栎树和爱尔兰栎树的年轮宽窄具有一致性变化，也不知道限制德国和爱尔兰栎树生长的共同因素是什么。虽然德国和爱尔兰的夏天都足够温暖和湿润，能让栎树在一年当中大部分时间里快乐生长，不会产生太多的标志年，但它们的夏季气候并不是那么相似：德国夏季湿润时，爱尔兰的夏季不一定湿润；同样地，德国夏季干燥时，爱尔兰的夏季也不一定干燥。尽管德国和爱尔兰的夏季气候不一定同时变化，但德国和爱尔兰栎树的年轮宽窄却在过去7000年里表现出了一致的变化。欧洲的栎树是树轮年代学研究最多的树种之一，然而经过40多年的研究，这种在大空间尺度上引起树木同步生长的驱动因素仍然未被发现。

埋藏在德国和爱尔兰河流沉积物、湖泊和泥炭沼泽中的栎树亚化石处于木材石化过程的第一阶段，整个石化过程最终需要数百万年。世界上有数量惊人的古树干和树桩以石化木的形式保存下来，美国亚利桑那州东部的石化林国家公园便是其中一处。石化木是指变成了化石的木材。在这一过程中，木材中所有的有机质发生矿化（通常是被石英或钙所取代），木材的原始结构在其中得以保留。为了让木头变成化石，它需要被埋在沙子、粉砂沉积物或火山灰下，这样就隔绝了氧气，从而保持原样。随着时间推移，富含矿物质的水流经覆盖着木材的沉积物，一些矿物质会在木材细胞中沉淀下来，充填整个细胞，形成一个石化的框架。当有机质构成的细胞壁分解后，一个具有细胞内部三维特征的石化结构被保留，最终木材的整体结构也被石化并保存下来。除了木材的细胞结构外，树木的年轮也被保存在石头上。令人惊讶的是，这些石化的年轮经常清晰可见，就好像它们是在上一年而不是几百万年前形成的。石化木的年轮宽度能够测量，甚至能够像现代的树木年轮一样进行交叉定年。但是，考虑到石化木有数百万年的历史，而目前最长的年轮年表也只包含了最近的 12 000 年，木质的树轮年表与石质的树轮年表将永远不会在时间上相连。

然而，石化木的年轮研究（古树轮年代学）可以告诉我们很多有关过去森林、气候和古树生长环境的信息。南极发现的石化木表明：虽然南极现在被冰川覆盖，气候寒冷干燥，树木无法生长，但过去的情况并非一直如此。在晚二叠世到三叠纪时期（约 2.55 亿年到 2 亿年前）和白垩纪到早第三纪时期（约 1.45 亿年到 2300 万年前），南极半岛的气候足够温暖和湿润，孕育了不同种类的植物群落，其中包括针叶树，在白垩纪到早第三纪时期甚至还有阔叶树。早期南极洲和现今南半球的其他大陆连接在一起，形成一个超大陆，即冈瓦纳大陆。由于板块构造的原因，冈瓦纳大陆在大约 1.8 亿年前开始逐渐裂解，而南美洲这块最近形成的大陆直到大约 3000 万年前才与南极洲分开。由于这些大陆以前长期连接在一起，直到现在我们还能在南美洲南部、非洲最南端和大洋洲发现灭绝已久的南极洲植物的近亲，如南青冈（*Nothofagus antarctica*）、罗汉松（*Podocarpus*）和南洋杉（*Araucaria*）。

南极洲的石化木来自已经灭绝的树种，这些树种曾经生长于冈瓦纳超大陆，而这个超大陆也早已不存在了。南极地区约 1.45 亿年至 2300 万年前留存至今的石化木，是表明当时南极气候温暖和没有大冰盖的无可辩驳的证据。石化木具有明显的年轮特征，这一木材解剖学证据表明当时南极的气候具有明显的季节变化。

这些石化木还表明：当时温暖的环境并不是像以前人们所认为的那样，是由地轴倾斜程度大大降低所造成的，而是由大气中二氧化碳浓度升高导致的。气候模型的结果也显示，白垩纪和古近纪南极（和北极）的高温只能用大气中二氧化碳含量的增加来解释。这不仅提高了极地的温度，而且促进了树木的生长。因此，南极的石化木中之所以出现较宽的年轮，就是因为当时的南极处于温暖的温室气候，孕育了森林，这种发生在过去的温室气候可以作为一种对照、一种历史相似型，来评估当前我们排放大量温室气体而造成的气候变化。石化木的树轮研究可以帮我们了解数百万年前地球的气候变化，而一般来讲，树轮科学常被用于研究更为晚近的气候和历史变化，以及人类活动的影响。

第五章　石器时代、瘟疫和埋在城市下方的沉船

目前世界上最长的树轮年表是德国栎树—松树年表，它的长度接近 12 500 年，提供了从公元前 10461 年至今每一年的信息。它不仅能为该年表中的每一个年轮提供准确的绝对年代，而且其准确性使它成为一个宝贵的工具，用于校准其他不那么准确的年代测定方法（如放射性碳定年法）。

利用放射性碳定年法（也被称为"碳年代测定法"或"碳-14 年代测定法"），含有植物或动物来源物质的考古样本的年代可以被测定，但这种方法的定年极限是 5 万年。放射性碳同位素是由宇宙射线撞击地球大气层产生的。宇宙射线是一种高能粒子，以接近光速的速度在太空中运动。放射性碳会衰变，其半衰期（即初始放射性碳的数量减少一半所需要的时间）为 5730 年。放射性碳通过光合作用被当时的植物所吸收，然后进入食用这些植物的动物体内。不过，一旦这些植物或动物死亡，它们含有的放射性碳就不再与外界环境发生交换，组织中的放射性碳含量也会随着其腐烂而缓慢减少。20 世纪 40 年代末，即道格拉斯创立树轮年代

学的几十年之后，化学家威拉德·利比（Willard Libby）发现了利用放射性碳测定年代的方法。因为我们知道放射性碳的半衰期，所以可以通过测量植物或动物残留物（如一块木头或骨头碎片）中剩余放射性碳的数量，来计算得出植物或者动物的死亡时间。利比的这一发现彻底改变了考古学，他也因此获得了1960年的诺贝尔化学奖。与树轮年代学的定年时限和精度相比，放射性碳定年法可以测定更古老的样本，但精确度较低。放射性碳定年法的结果用年代范围来表示，其跨度为几十年到几百年，而树轮年代学的结果则能精确到具体的某一年。

放射性碳定年法的应用基于这样一个假设：大气中的放射性碳数量是恒定的。只有这个假设成立，我们才可以通过测定物体中剩余放射性碳的含量，结合已知的放射性碳的半衰期，计算得到物体的年代。然而这个假设并不成立。人类自19世纪末期以来大量燃烧化石燃料，导致大气中放射性碳的含量明显下降。煤、石油和天然气是动植物残体经过数百万年形成的，这个转变过程要比放射性碳的衰变慢得多。随着时间的推移，化石燃料中已经失去了几乎所有的放射性碳。通过大量燃烧化石燃料，人类活动排放了大量不含放射性碳的二氧化碳，极大地稀释了大气中放射性碳的比例。20世纪50年代和60年代则发生了相反的情况，当时人类大规模进行核试验，释放了大量放射性碳，导致大气中的放射性碳含量急剧增加。到了1963年，也就是地面核试验的最后一年，大气中的放射性碳含量达到了峰值，其含量几乎是开展核试验之前的两倍。

不仅人类活动可以导致大气中放射性碳含量的变化，自然因素也会造成大气放射性碳含量的波动，这就使得基于大气中放射性碳含量不变这一假设得到的样本年代，并不是样本的真实年代。因此，放射性碳定年法的准确性需要进行检验。具体方法是找一些我们已经知道确切年龄的物体，对其进行放射性碳分析，然后利用物体真实的年龄对结果进行对比和校准。树木年轮一方面可以用于交叉定年（因为每个年轮的准确年龄是已知的），另一方面它含有放射性碳，是完成上述对比和校准工作的理想材料。每一年，树木只在其最外层形成新的木材细胞，其中包含当年大气中的放射性碳，而且对以往年轮中的放射性碳没有影响，所以每一个年轮中的放射性碳都代表了当年大气中放射性碳的变化。由于树木年轮中放射性碳的衰变，放射性碳的含量从最外层（最近形成的）年轮到最内层（最古老的）年轮逐渐减少。打个比方，根据放射性碳 5730 年的半衰期计算，一棵 5000 岁的长寿松最古老年轮内放射性碳的含量只有最年轻年轮的一半左右。通过测定树木不同年轮中的放射性碳含量，由此计算树木的年龄，然后将其与基于交叉定年获得的日历年龄[1]进行对比，就能建立放射性碳含量与绝对年龄之间的校准曲线。有了这条校准曲线，就可以利用放射性碳定年法估算出任何考古对象的日历年龄。利比自 20 世纪 60 年代就开始致力于建立校准曲线，时至今日校准曲线仍在不断被更新。目前最新版的校准曲线所依据的样本，是德国栎树—松树的

1　前提是考古对象的年龄小于 5 万年。

树轮年表和日本水月湖（Lake Suigetsu）纹层沉积物中的植物大化石（macrofossil），前者覆盖了最近的 13 900 年[1]，化石样本则包含了距今 50 000 年到 13 900 年这一更为远古的时段。

　　长达 13 000 多年的德国栎树—松树年表不仅帮助我们校准了放射性碳定年法的结果，也为木材考古学提供了一个绝对的时间标尺，讲述了欧洲文化中长达 7000 多年的木材使用历史。欧洲最早的木屋可以追溯到新石器时代（始于公元前 6000 年左右），那时农业活动开始在整个大陆波及开来。许多新石器时代早期的农业聚落都是围绕水源发展起来的，当时的先民大量利用木材来搭造房屋等建筑物，因为树木分布广泛，且加工木材不需要复杂的工具，新石器时代人们为了便于防御，常在湖泊或沼泽湿地中打入木桩，再在木桩上建造小型住宅。这样的湖岸木桩建筑遍布欧洲，从新石器时代晚期到青铜时代末期（大约公元前 500 年）都有发现。这些建筑中起支撑作用的木桩很容易被埋藏到沼泽或湖泊沉积物的深处，从而一直保持被水浸泡的状态并得以保存下来。1854 年，苏黎世湖附近首次发现了这样的建筑，随后湖岸木桩建筑在整个欧洲和大不列颠岛的发掘开始激增，与此同时，美国西南部的考古学也在兴起。20 世纪 60 年代，放射性碳定年结果显示，位于瑞士的两座湖岸木桩建筑大约搭筑于公元前 3700 年，也

1　基于德国和瑞士的 232 棵树建立的浮动年表将栎树—松树树轮年表跨度延长到了 13 900 年。

就是说，这些简陋房屋出现的时间比埃及金字塔还要早 1000 多年[1]，这一发现引起了考古界的轰动。目前利用树轮年代学方法测定的最早的湖岸木桩建筑位于瑞士穆尔滕湖（Lake Murten），它是用公元前 3867 年至公元前 3854 年间砍伐的栎树建造的。

长达 7000 多年的不列颠群岛的沼泽栎树年表，也为确定史前沼泽的住宅和圆屋[2]以及连接不列颠群岛先民的不同定居地之间的小路的年代提供了便利条件。已知最古老的这类道路被称为斯威特古道（Sweet Track），它的长度超过 1.6 千米，是一条高于地面的木制步道。步道的顶部由一排橡木板首尾相接而成，底部由交错的木桩撑起。斯威特古道穿过了萨默塞特平原（Somerset Levels），这是英格兰西部一块面积超过 700 平方千米的平地。利用树轮年代学方法，确定斯威特古道的建造年代为公元前 3807 年冬季至公元前 3806 年春季之间，与瑞士穆尔滕湖的湖岸木桩建筑建造时间相近。斯威特古道可能仅使用了不到 10 年，之后便被水和芦苇淹没。利用树轮年代学方法，科学家获知了斯威特古道的绝对年龄，这让确定其周围沼泽中发现的大量新石器时代文物（如陶片、燧石和石斧）的年代成为可能。

目前，利用树轮年代学方法确定的已知最古老的木制人造结构，比穆尔滕湖的湖岸木桩建筑和斯威特古道早了 1300 多年。

1　已知最早的埃及金字塔是左塞尔金字塔（Pyramid of Djoser），用放射性碳测定的年代是公元前 2630—前 2611 年。

2　圆屋（crannog）是指苏格兰或爱尔兰的古代先民在湖泊或河流等水域中建造的圆形建筑物，又称人工岛。

2012 年，弗莱堡大学的树轮考古学家威利·泰格尔（Willy Tegel）在德国东部发掘了四口水井，水井周围都有木壁。在最早的中欧农民建造的长屋中，这些留存在地下被水淹没的木制水井，是如今唯一能看得见的遗迹。长屋当年的地上部分只在土壤里留下了轮廓。早期定居者砍伐了树龄 300 年、直径可达 90 厘米的栎树，把它劈成木板来搭建井壁，以防止水井坍塌。令威利吃惊的是，这些水井的历史可以追溯到公元前 5206—公元前 5098 年，也就是公元前 5500 年第一批农民从巴尔干地区移民到中欧后不久。建造这种水井需要复杂的交叉扣合和木架垒筑技术，这表明当时的农民已经掌握了先进的木工技术。正如威利在他 2012 年发表的论文中所说："最早的农民也是最早的木匠。"

在稍晚的时期，橡木板制成的井壁也被很好地保存下来。树轮交叉定年的结果显示，在后来的铁器时代（约公元前 800—公元前 100 年的中欧）和罗马时期（约公元前 100—公元 500 年）均发现了这种栎木制井壁。我还在苏黎世时曾和威利合作开展研究，利用他收集的罗马时期样本的树轮宽度数据来重建中欧过去 2500 年的气候变化历史。我有时会去德国拜访威利，讨论项目进展。有一次，我在他的实验室里随手拿起了一块橡木板，它几乎是黑色的，而且比我想象的要重。威利告诉我，这是建造罗马水井使用的木板，树轮定年的结果显示其在公元 14 年被用来建造水井。他让我带走这块橡木板作为纪念品。我担心损坏这块有 2000 年历史的木头，所以不敢把它放在背包里，路上一直将它抱在怀中。在回家的火车上，我注意到一个小男孩盯着这块木头看，于是我向他解释说我是一位研究年轮的科学家，而那块木头已经有 2000 年的历史了。他看着我，好像我来自另一个星球。

关于欧洲早期定居者，我们还有很多不了解的地方。他们的人口有多少？他们说什么语言？他们是如何建造巨石阵的？巨石阵背后的象征意义又是什么？但多亏了树轮年代学，我们知道了 6000 多年前的欧洲人砍伐栎树和松树来建造房屋、道路和水井的确切年份和季节。这仅仅是个开始。只要地上建筑的木材被保存下来，就可以利用树轮年代学确定其年代，从而极大地增进我们对历史的理解。自中世纪开始，古建筑中的木材得以保存，为树轮学家提供了大量材料来完成历史拼图。树轮交叉定年法已经成为研究城堡、教堂、大学、市政厅等历史建筑的重要工具。从维京人的定居点到威尼斯的宫殿，再到英国的索尔兹伯里大教堂和伊斯坦布尔的圣索菲亚大教堂，树轮年代学不仅提供了有关建筑物年代的新证据，而且为世界各地文明的发展和演变提供了新视角。

有时，树轮年代学真的可以改变我们对历史的看法。世界上现存最古老的木制建筑是日本奈良县的法隆寺，这里是亚洲历史悠久且持续活跃的佛教圣地，大家普遍认为它建于 8 世纪初。根据历史文献记载，法隆寺最初建成于公元 607 年，在建成后第 63 年毁于一场大火。寺庙中精美的五重塔被认为在公元 711 年前后得到重建，经历了日本内战、地震、台风，仍奇迹般地保存下来，每年都有上万名游客慕名来访。但在 2001 年，树轮学家光谷拓实（Takumi Mitsutani）和他的同事发现，用于塔体中央通心柱的日本扁柏（*Chamaecyparis obtuse*）在公元 594 年就已经被砍伐，比历史学家给出的法隆寺建造时间早了一个多世纪。树轮年代（公元594 年）和历史记载年代（公元 711 年）之间的不同很难解释，较为可能的原因是，目前法隆寺的通心柱是从烧毁前的寺庙中回收并再次利用的，或者这棵日本扁柏被砍伐之后曾长期闲置。这一发现可能会促使宗教和历史学者重新评估佛教在日本兴起和传播的时间脉络。

在北美，科学家们除了对美国西南部和温哥华岛上 19 世纪努查努阿特人（Nuu-chah-nulth）的木板屋进行大量的树轮考古学研究外，还通过树轮交叉定年为 1000 多座殖民地时期的建筑确定了年代。这些建筑既包括具有重要历史意义的建筑，如费城的独立大厅（1753 年），也有一些较为乡土的建筑，如小木屋、教堂、宅院、畜舍和贸易站。事实上，这些建筑的实际年代往往比最初认为的要晚几十年。例如，田纳西州大理石泉历史遗址中的一座木屋曾被认为是田纳西州首任州长约翰·塞维尔（John Sevier）的最后居所。然而，田纳西大学的杰西卡·斯雷顿（Jessica Slayton）和她的同事在检测从木屋中提取的树芯样本后发现，小屋是在 1815年建成的，那时塞维尔已经去世 20 多年了。口述历史往往会使事物变得比实际情况更古老，这可以归因于人类的本性：我们通常认为遗产是珍贵的，而且越老越珍贵。当然，其中也有经济驱动因素，更古老的历史遗址可以为当地吸引到更多游客。

历史建筑的木材为树轮考古学提供了大部分研究材料，但较小的木制品，如门扇、家具、艺术历史文物，甚至中世纪具有木制封面的书籍，均可用于确定年代。例如，通过树轮年代法测得，不列颠群岛最古老的木门可以追溯到 11 世纪（1032—1064）。在伦敦的威斯敏斯特教堂，楼梯下方的橱柜上一扇有近 1000 年历史的门至今仍在使用。为了确定它的年代，来自牛津树轮年代学实验室的丹·迈尔斯（Dan Miles）和马丁·布里奇（Martin Bridge）直接把它从铰链上取下来，用一个树轮采样器从边缘钻取了树芯样本 [1]。

对于其他具有历史意义的木制艺术品，只能在不破坏艺术品外观的前提下获取树轮样本，如木板油画、木雕、木制家具和乐器（如斯特拉迪瓦里的"弥赛亚"小提琴）。对于这些物品，树轮学家一般会直接测量艺术品上的树轮宽度，或者通过拍照、扫描的方式获知这些树轮的宽度变化。由于艺术品非常珍贵，树轮学家在开展取样工作时需要强大的心理素质。树轮学家曾小心翼翼地将一幅 15 世纪的弗拉芒原始画派作品用的橡木板从画框中取出来，并使用手术刀片或者处理画板的边缘，来获取画板清晰的年轮结构。有时，还会用到激光或者对树木伤害较小的设备。具体采取何种方式处理艺术品，需要树轮学家与艺术品的所有者或保存者磋商后确定。画在橡木板上的大多数传世画作（出自扬·范艾克、梅姆林、老勃鲁盖尔、小勃鲁盖尔、伦勃朗、鲁本斯等知名画家）的

1　为了精确地将树轮采样器的钻头与门板对齐，树轮考古学家使用了一系列导向装置，将其安装在门上的夹具上。他们用压缩空气冷却钻头并清除灰尘。

真实性已经得到了树轮年代学的证实。如果木板上最后一个年轮形成的时间晚于画作上标注的时间，那么这幅画很可能是复制品或者伪造的。树轮年代学也许不能最终确定画家的身份，但如果承载画作的橡木板在画家死后仍在生长，就为说明画作是赝品提供了令人信服的证据。

弗拉芒画派的罗希尔·范德韦登（Rogier Van der Weyden，1400—1464）在 15 世纪创作的三联祭坛画就是一个很好的例子。同样的三联画现存两幅：第一幅的右边部分藏于纽约大都会艺术博物馆，其左边和中间部分陈列在西班牙格拉纳达的皇家礼拜堂；第二幅则完整地存放在德国柏林的达勒姆国立美术馆。根据艺术史研究，人们总是认为位于纽约和格拉纳达的三联画是原作，由范德韦登本人绘制，而柏林的三联画则是后来的复制品。然而，对组成这两幅三联画木板的年轮研究表明：位于柏林的三联画可追溯到 1421 年，是范德韦登的年轻时代；而位于纽约和格拉纳达的三联画则晚至 1482 年，那时他已经去世将近 20 年。原来，一直以来在柏林达勒姆国立美术馆展出的才是范德韦登的原作，而纽约大都会艺术博物馆备受游客推崇的画作，则是一位技术高超的不知名画家的复制品。

对于来自不同地方的木制品（例如不列颠群岛的门、来自低地国家的木板油画和来自意大利的小提琴），不可能所有木制品的年轮变化都与中欧栎树的年轮变化相一致。更确切地说，我们需要的是一个树轮年表网络，它在空间上要覆盖足够广的区域，在时间上要延伸到足够古老的年代，这样我们就可以为不同区域和年代的木制品定年。幸运的是，随着树轮年代学的发展，树轮学家已经建立了越来越多的树轮年表，以及包含多个树种的年表网络。年表网络在北美和欧洲最为密集，因为在那里树轮年代学已经发展了几十年。这样一个多树种、密集分布的树轮年表网络，让树轮考古学家不仅可以确定考古发掘的或具有历史意义的木制品是何时制作的，还可以考察这些木材来自哪里。利用树木年轮来追溯木材来源是基于这样一个理念：地理上相距较近的树木，其年轮宽窄变化具有比较明显的一致性；而相距较远的树木，其变化的一致性相对较差。为了追溯木制品的来源，树轮考古学家会将其年轮的宽窄变化序列与广泛分布的树轮年表网络进行交叉对比，然后找到与该木制品在统计学上相关系数最高的那条树轮年表，年表所处的区域就是它最有可能的来源地。尽管这种方法并非万无一失，而且它在某些地区比其他地区效果更好，但它已经取得了显著的成功，比如在海洋考古学方面。

失事的船只通常会提供适合树轮研究的木材，但是在大多数情况下，沉船都是在远离船只最初建造的地方被发现的，船只的建造地通常不为人所知。通过对比造船所用木材的树轮宽窄变化与年表网络，就可以获得船只的建造信息。例如，树轮溯源研究表明，在德国北部峡湾发掘出的一艘中世纪船只"卡尔绍"号（*Karschau*）是利用来自丹麦的树木建造的，砍伐日期是 1140 年。2010 年在纽约曼哈顿的世界贸易中心发现的一艘沉船，其建造时间可以追溯到 1773 年，造船木材是来自费城地区的栎树。这艘船很可能是一个小船厂的产品，在投入使用后不久就沉没了。18世纪90年代，为了扩大曼哈顿下城区的面积，它被填海造陆工程埋到了地下。

沉船木材的定年和溯源研究还表明，树轮年代学可以为研究美洲和欧洲的木材贸易历史提供帮助。在西欧，栎树和水青冈在中世纪被大量砍伐用于建造城堡、教堂、船只和宫殿，使得年代古老的高质量栎树木材成为价格昂贵的稀缺商品。根据1086年《末日审判书》(*Domesday Book*)[1]中的记载，当时英格兰只有15%的地区被森林覆盖。因此，只能从其他地方（特别是波罗的海地区）进口大量的栎树木材，以支持西欧中世纪的建筑热潮。木材沿着汇入波罗的海的河流漂到滨海的港口，然后被装上大型远洋轮船，运到西欧的贸易中心进行分销。尽管有很多中间商参与，但从波罗的海进口木材的成本通常也只有当地木材的五分之一左右。中世纪木板油画和其他西欧历史艺术作品的溯源和定年研究表明，波罗的海的木材贸易早在13世纪末就开始了。在我们经历了坦桑尼亚的共同探险之后，克里斯托夫·汉内卡开始攻读树轮考古学的博士学位，研究比利时北部晚期哥特式祭坛的木雕。他发现早期的祭坛（造于15世纪）是用来自波兰格但斯克（Gdansk）附近森林的木材雕刻而成的，当时格但斯克是汉萨同盟的大型港口城市之一。然而，随着时间的推移，人们对波罗的海周边栎木的需求变得越来越大，以至于格但斯克地区的森林被过度开发。因此，后

1　由"征服者"威廉一世下令编写，其中记录了英格兰和威尔士部分地区土地的范围、价值、所有权等情况。

来的祭坛（造于16世纪）用的是来自更远的内陆森林的木材。到了中世纪晚期，正如19世纪德国森林学家奥古斯特·伯恩哈特（August Bernhardt）所描述的那样："木材的饥荒敲响了每个人的家门。"[1]

通过树轮考古学研究揭示的木材贸易史仅仅反映了人类对木材的使用和建筑活动的一个方面。通过汇总木材收获（或砍伐）的日期以及每年砍伐的树木数量，我们可以构建一个关于树木砍伐和建筑活动的时间表（图7）。我和威利为了重建中欧地区的气候变化，集成了7284条树轮宽度变化序列，它们来自法国西北部和德国西部的亚化石埋藏木、考古木材、历史建筑的木材和现生栎树。基于这些数据，我们可以识别出建筑活动的历史阶段。我们发现，从铁器时代晚期到罗马时代（约前300—200），大量树木被采伐，这反映了一个活跃的建筑发展时期。在民族大迁徙时期（Migration Period，约250—410），蛮族的入侵导致了罗马帝国的解体以及持续的政治和社会动荡，树木采伐和建筑活动也随之减少。在公元500到850年间，随着社会经济的发展，森林砍伐再次加剧。如图7所示，1350年附近也存在一个短暂的建筑活动停滞时期。这个时期在爱尔兰和希腊的考古样本中也同样存在。如此大范围且同步发生的建筑活动停滞只能用以下两个原因来解释：要么是整块大陆的社会经济崩溃（比

1　August Bernhardt, *Geschichte der Waldeigentums, der Waldwirtshaft und Forstwissenschaft in Deutschland*, vol. 1（Berlin, 1872）, 220.

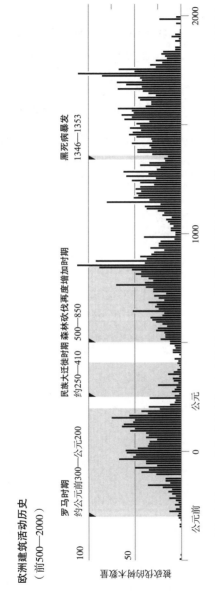

图 7　通过整理过去 2500 年间欧洲建筑所用木材里近 7300 棵树的砍伐日期，我们可以了解欧洲建筑活动的历史。1350 年左右，建筑活动出现了短暂的停滞，原因是黑死病的暴发。

如在民族大迁徙时期发生的那样），要么是瘟疫大流行。我们从其他来源得知，1346—1353 年黑死病席卷欧洲，造成 45%—60% 的人口死亡。黑死病导致的人口下降，使得欧洲建筑活动在这一时期出现了显著停滞。在不列颠群岛暴发的另一场瘟疫（664—668）也可以被看作引起该时期爱尔兰建筑活动停滞的原因。尽管瘟疫的暴发对当时的欧洲人来说是灾难性的，但它们让欧洲的森林在无情的乱砍滥伐中得到了喘息。随着超过 50% 的人口消失，欧洲对能源和木材的需求大大减少，森林得到了一个短暂的喘息机会来自我修复，并在废弃的土地上重新生长。

第六章　曲棍球杆经典曲线

瑞士联邦森林、雪和景观研究所（WSL）坐落于苏黎世城外比尔门斯多夫（Birmensdorf）的一座小山丘上。当弗里茨·施韦格鲁伯（Fritz Schweingruber）在 1971 年开始他的研究工作时，树木年轮研究第一次成为 WSL 科研任务的一部分。弗里茨是一位植物学家、考古学家，也是世界上最好的木材解剖学家之一。在早期的研究生涯中，他着迷于树木年轮。在弗里茨的领导下，WSL 的树轮年代学研究组发展成为欧洲实力最强的树轮研究室，与美国图森的亚利桑那大学树轮实验室实力相当。2007 年，当我结束宾夕法尼亚州立大学的工作，受聘于 WSL 时，弗里茨已经退休了。但他仍然每周去树轮实验室几次，他的影响也无处不在。简·埃斯珀是弗里茨的学生，参与了阿多尼斯的发现，后来他接手了实验室的领导工作，身边聚集了一群成果丰硕的树轮气候学家。来到 WSL 的第一个夏天，我去西班牙比利牛斯山采集树轮样本，同去的还有简和两位才华横溢的新秀：戴维·弗兰克（David Frank）和乌尔夫·本根（Ulf Büntgen）。[1]

1　戴维现在是美国亚利桑那大学树轮实验室的主任，乌尔夫是剑桥大学地理系的教授。

我们的采样地点位于阿伊魁斯托特斯国家公园格伯湖周围的山坡上，海拔接近 2438 米。当我问为什么要在这个地方取样时，答案很简单：是弗里茨推荐的。显然，弗里茨在穿越比利牛斯山脉时，从下方几百米处的公路上通过双筒望远镜发现了这个地点。

弗里茨在识别古树方面声望很高，事实证明他的确很在行。我们发现格伯湖附近现生和死去的山赤松（*Pinus uncinata*）已经在那里存在了 1000 多年。通过这次比利牛斯山区的野外采样活动，我也迅速了解了 WSL 同事们的工作效率。第一天我们从苏黎世飞到巴塞罗那，开了三个半小时的车，晚上到达维耶拉（Viella）小镇。第二天早上八点钟，我们吃了些东西，然后徒步三个小时，径直攀登到格伯湖边。乌尔夫和戴维都是有魄力的人，他们几乎是冲上山的，相比而言，我和简的速度就正常多了。当我们到达湖边的时候，已经是中午了，我想我们应该停下来吃午饭，然后再开始采集树轮样本。但这些人不是这样想的。刚看到第一棵老树，戴维就开始取树芯，简也很快跟着一起做。在接下来的几个小时里，戴维、简和我一棵接一棵地钻取树芯，而乌尔夫则在我们之间不停穿梭，为我们采集到的树芯样本标记编号，然后把它们保存好。终于，在下午三点左右，我坚定地拒绝继续工作，除非先吃午饭。我的三个同伴不情愿地同意休息一会儿，之后我们接着无休止地钻取树芯，直到太阳开始落山，天黑了，才不得不赶回山下。接下来的日子里，情况都是如此：我们不停地干活，没有休息，直到我饿得不能取样为止。当这一周快结束时，我在一天晚上问他们为什么要一直干活，不休息也不吃饭，没想到真相却是：我的三位

　　　　　　　　　　　　年轮里的世界史

同事都承认，每天当我要求吃午饭时，他们也如释重负，因为谁也不想让别人知道自己饿坏了。显然，我是第一个加入他们的野外行动并保持理智的女性，在这之前，高浓度睾酮引发的固执让他们能够坚持一整天都在野外进行高强度体力劳动，而完全没有食物的补充。从那以后，大家变得更愿意说出自己的感受。比如，当他们睡在同一个房间里，他们谁也不愿意第一个承认自己感到很冷，所以夜里窗户大开着，即使山上的气温已降到接近零度。那时，我对自己的性别很满意。作为一名女性科学家，我面临着许多棘手的问题，但至少不会为了维护自尊而饿死或冻死。

WSL 树轮气候小组的研究重点是利用树木年轮来重建过去几个世纪的气候变化。自 20 世纪早期以来，人类利用仪器测量获得了世界各地的气象数据，称为器测记录。为了研究器测记录时段以前的气候变化，我们采用古气候代用指标（paleoclimate proxies）。这些生物或地质记录，如冰芯、湖泊沉积物、树木和珊瑚等，都保存了过去的气候状况，因此可以作为气候信息的来源。在古气候研究方面，树木年轮记录有很重要的价值。由于树轮样本的获取和分析相对容易和便宜，而且树木和森林覆盖了地球表面的大片区域，树木年轮成为最常用的气候代用指标，尤其是最近 1000 年到 2000 年，大部分树轮数据集中在这一时段。

我们在格伯湖野外工作的目的就是利用树轮重建比利牛斯山脉地区过去 1000 年的气候变化。目前已经获得了长达 1000 多年的树轮年表，看来有望实现项目的既定目标。但我们研究发现，比利牛斯山脉山赤松的生长受到一系列气候要素的控制。这些松树生长在高海拔地区，因此即使在夏季也会受到持续低温的限制。与此同时，由于这里是季节性干旱的地中海地区，它们的生长也受到夏季雨水缺乏的限制。无论天气是寒冷还是干燥，松树都会形成狭窄的年轮，所以其年轮宽度不能用于重建独立的夏季温度或降水量变化。尽管我们非常努力地工作，但所得到的年轮数据在比利牛斯山脉气候重建中似乎没有什么用处。幸运的是，除了树木年轮的宽度，我们还可以测量其他参数。例如，使用放射性射线测量法，我们可以测量每个年轮的密度，年轮的密度通常比年轮的宽度能够更好地捕捉到夏季温度变化。特别是每个年轮的最大密度，它反映了生长季结束时该年轮细胞壁增厚的程度。这在很大层面上取决于树木在生长季所经历的温度：树木在炎热的夏天比寒冷的夏天会形成更厚的细胞壁，造就密度更大的晚材。因此，晚材的最大密度能很好地记录年轮形成当年的夏季温度，即木材密度可以作为过去夏季温度变化的替代指标。就像年轮宽度测量一样，树木年轮密度的数据也是具有准确年代的，并且每一年对应一个密度数据。在测量比利牛斯山树轮晚材的最大密度后，我们发现，这些数据受到夏季温度的强烈影响，而且只受到夏季温度的控制，这让重建过去夏季温度的变化成为可能。

利用树木年轮重建过去气候变化的原理相当简单。每一个年轮的宽度（或密度）都有绝对的年代，并且可以被测量，这样就能将年轮的变化与来自气象站的现代观测记录进行对比，然后建立二者在数学上的关系，以此将年轮数据转换为气候变化数据。在比利牛斯山项目中，树芯样本采集时间为 2006 年夏天，所以树芯上最后一个完整的年轮形成于 2005 年。比利牛斯山脉树轮年表中最古老的样本可以追溯到公元 924 年，还有至少 5 个样本可以追溯到公元 1260 年。由于这 5 个样本之间可以交叉验证，提供了足够的可信度，所以我们的气候重建是从 1260 年开始的。幸运的是，比利牛斯山脉地区的现代器测温度记录很早就开始了，附近的南峰天文台自 1882 年就一直在记录温度的变化。于是，我们可以将历年晚材的最大密度数据与天文台记录的 1882—2005 年的夏季气温数据进行比较。鉴于晚材最大密度是夏季温度的良好记录，利用一个简单的线性方程或模型就能将每年的晚材最大密度（MXD）与当年的夏季温度（Tsummer）联系起来：

$$\text{Tsummer}(t) = a * \text{MXD}(t) + b$$

该方程表明：t 年的夏季温度可以表示为该年形成的树轮中晚材最大密度的函数。因为密度的单位是克每立方厘米（g/cm^3），但是我们想用摄氏度来表达重建的夏季温度，所以需要常数 a 和 b 来加以转换。我们使用 1882—2005 年 MXD 和 Tsummer 的数据来计算 a 和 b 的值。为了测试晚材最大密度与夏季温度关系是否足够紧密，我们分别计算了 1882—2005 年夏季高温（高 Tsummer）与高密度（高 MXD）、夏季低温（低 Tsummer）与低密度（低 MXD）的对应关系。如果上述二者的关系足够紧密，我们就可以利用现有的方程，将某一年的晚材最大密度乘以 a，再加上 b，从而得到该年夏季温度的估值。通过对每一年的树轮晚材最大密度进行这样的计算，我们能够重现器测记录开始之前的夏季温度，一直追溯到公元1260年。

最简单的模型或方程——比如上一页提到的那个——是使用树轮年表来重建采样地点附近的气候变化。通常来说，综合来自多个地点的多条树轮年表可以改进这种简单的模型。例如，在比利牛斯山脉，如果将我们在格伯湖获得的晚材最大密度记录与附近72千米以外索布雷斯蒂沃（Sobrestivo）林线附近的晚材最大密度记录相结合，就能更好地反映器测记录夏季温度的变化。另外，还可以通过选择对树木生长影响最强烈的气候变量来优化模型。还是以比利牛斯山脉山赤松的晚材最大密度为例，相比6月和7月，它对5月、8月和9月的温度变化更敏感。换句话说，我们的年轮数据对过去5—9月气温的变化提供了更可靠的估计，而不是6—7月的气温变化。为了建立气候与树轮的关系，各种各样的气候变量（如降水量和温度、不同月份的气候变量、单一气象站的数据和一个地区多个气象站数据的平均值等）都可以放在方程的左边；各种各样的树木年轮数据（如树木年轮的宽度、密度和同位素、单个树种的数据和多个树种的数据、一个地点的数据和多个地点的数据）都可以放在方程的右边。树轮气候学家工作的一个重要部分是选择适合的树木年轮数据和气候数据进行重建，并通过统计分析确定哪一种组合能给出最可靠的重建结果。

1998年，气候学家迈克尔·曼（Michael Mann）、古气候学家雷·布拉德利（Ray Bradley）和杰出的树轮年代学家马尔科姆·休斯（Malcolm Hughes）应用了这个简单的原理，并把它向前推进了一大步。到 20 世纪 90 年代末，20 世纪全球异常变暖的特征已经非常明显，曼、布拉德利和休斯打算将最近的全球变暖现象放在更长时间的温度变化历史背景下来观察，以便确定全球变暖是否可能是气候自然变化的一部分。为此，他们重建了过去 600 年里每一年北半球温度的变化。他们将树木年轮数据、冰芯数据和其他古气候记录相结合，利用一种新的统计方法，对公元 1400 年以来每一年北半球平均气温的变化进行重建，研究结果发表在科学杂志《自然》上。重建结果表明，20 世纪的全球变暖在过去 600 年里是史无前例的。在一年后的一篇后续论文中，他们将温度重建的时间延长到更早的公元 1000 年。论文中最关键的一张图就是北半球温度随时间的变化，这条温度变化曲线被称为"曲棍球杆"曲线，如图 8 所示。图中显示温度在公元 1000 年到 1850 年之间呈现缓慢下降的趋势（即"曲棍球杆"的柄），在公元 1850 年之后急剧升高，并贯穿整个 20 世纪（即"曲棍球杆"的刃）。"曲棍球杆"温度变化曲线显示，1998 年是过去 1000 年中最热的一年，也是他们记录中的最后一年。

曼、布拉德利和休斯的这篇论文首次证明了 20 世纪的气候变暖在过去 1000 年的时间里是前所未有的，因此这个现象不太可能是气候自然变化的一部分。鉴于这一发现的重要性，政府间气候变化专门委员会（IPCC）在 2001 年的报告中重点阐述了"曲棍球杆"温度变化曲线（以下简称曲棍球杆曲线）。IPCC 是联合国下属的一个科学机构，负责对气候变化及其对社会的影响提供全面、科

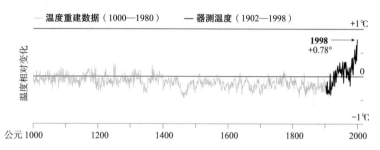

"曲棍球杆"曲线

北半球温度变化（相对于1961—1990年的平均温度）

—— 温度重建数据（1000—1980）　　—— 器测温度（1902—1998）

图 8　利用树木年轮数据、冰芯数据和其他温度代用指标，科学家们重建了过去1000 年北半球的年平均温度变化。由此得出的曲棍球杆形状的曲线显示了公元1000 年到 1850 年之间温度缓慢下降，之后整个 20 世纪急剧变暖。

学和客观的概述。它与美国前副总统阿尔·戈尔（Al Gore）共同获得了 2007 年的诺贝尔和平奖。IPCC 并不进行原创的科学研究，但每隔五年左右，它会根据已发表的科学论文撰写一份集成性报告。这份报告由科学家志愿者撰写，并在发表前由各国政府审查。2001 年 IPCC 的报告是一本 800 页的大部头，重约 2.5 千克。政策制定者是不会把一个如此重的文件放在公文包里的（也没有时间阅读如此冗长的报告）。所以 IPCC 出版了一份方便政策制定者阅读的大约 30 页的摘要，其中用几张图表强调了最重要的发现。曲棍球杆曲线在这份摘要中非常突出，用它设计的大幅海报随后被用作展示 2001 年的 IPCC 报告，并在电视上播出，吸引了全球媒体的关注。

　　当曼、布拉德利和休斯的两篇论文经过同行评审时，这三位备受尊敬的科学家预料到自己的发现会引起轰动，但他们并没有为随之而来的媒体狂热做好准备。曲棍球杆曲线被所有主流媒体转载，曼在接受《纽约时报》采访时再次强调："过去几十年的全球变暖似乎与人类排放的温室气体密切相关，而与任何自然因素无关。"[1]

在这之后，迎接曼、布拉德利和休斯的是近 20 年无情的政治迫害和恐吓。最初也是最主要的两位政治诽谤者，是来自俄克拉何马州的美国参议员、参议院环境和公共工程委员会主席詹姆斯·英霍夫（James Inhofe）和来得克萨斯州的国会议员、众议院能源委员会主席乔·巴顿（Joe Barton）。英霍夫因多次将人类导致全球变暖称为"有史以来捉弄美国人民的最大骗局"而闻名。为了抵制对温室气体排放的潜在限制并且摒弃人类活动导致全球变暖的观点，这两个共和党政客都将攻击目标对准了 IPCC 和气候变化政策的典型代表——曲棍球杆曲线。

2003 年到 2006 年，英霍夫和巴顿召集了多次国会听证会，邀请了发表曲棍球杆曲线的三位科学家，值得指出的是，他们还邀请了更多的气候变化怀疑论者。在听证会上，与会的科学家们就获取曲棍球杆曲线的方法和结果是否认真检查过，以及结论的正确性等问题开展了辩论。科学辩论是科学研究过程的一个关键部分，但政治舞台显然不是开展这种辩论的场所。科学事实不是由得票多少决定的。众议院的科学委员会主席舍伍德·布赫勒特

1　William K. Stevens, "New evidence finds this is warmest century in 600 years," *New York Times*, 28 April 1998.

（Sherwood Boehlert），一个保守的共和党人，在一封给巴顿的信中指出："我对您主持调查的主要担心是，调查目的似乎是恐吓科学家而不是向他们学习，并以国会的政治审查代替科学审查。"[1] 对曲棍球杆曲线的这种政治化操作于 2005 年 9 月达到顶峰，在参议院组织的 "科学在环境政策制定中的作用" 这场听证会上，参议员英霍夫邀请迈克尔·克莱顿（Michael Crichton）为气候变化的合理性做证。克莱顿是一位小说家和剧作家，是备受欢迎的电视连续剧《急诊室的故事》（*ER*）的编剧和科幻小说《侏罗纪公园》（*Jurassic Park*）的作者。英霍夫称小说家克莱顿是一位科学家，并要求参议院环境和公共工程委员会成员阅读他创作的惊悚小说《恐惧状态》（*State of Fear*）。在这本小说中，克莱顿设想了一个世界，在那里气候变化不是一个客观现实，而是一个由环保恐怖主义者提出的阴谋。在他对委员会长达两小时的证词中，克莱顿强烈怀疑 "气候科学的方法是否足够严谨，能否得出可靠的结论"[2]。之后，参议员希拉里·罗德姆·克林顿（Hillary Rodham Clinton）发表意见，认为他的观点 "是对科学的污名化"。在我看来，一个小说家作为明星证人，在美国参议院委员会面前就科学研究的有效性问题做证，就像一头暴跳如雷的霸王龙出现在迪士尼主题公园里一

1 Boehlert to Barton, 14 July 2005, https://www.geo.umass.edu/climate/Boehlert.pdf.

2 "The role of science in environmental policy making," Hearing before the Committee on Environment and Public Works, US Senate, 28 September 2005, https://www.govinfo.gov/content/pkg/CHRG-109shrg38918/html/CHRG-109shrg38918.htm.

样不可理喻。

此外，英霍夫最坚强的盟友巴顿为了攻击曲棍球杆曲线，要求这三位科学家提供他们所有与气候相关研究的完整记录。具体而言，包括他们在职业生涯中获得的全部财政支持，每项研究的资金来源，发表过的每篇论文里包含的所有数据和计算代码。民主党国会议员亨利·韦克斯曼（Henry Waxman）在一封信中要求巴顿撤回他的请求，他写道："你的这些要求似乎并不是想尝试去理解全球变暖的科学性。有些人可能会把它解读为一种明显的欺凌和骚扰气候变化专家的行为，仅仅因为这些专家得出了你不同意的结论。"[1] 共和党人布赫勒特指出，英霍夫、巴顿和他们的同伙开展这次调查是"误导性的和不合法的"[2]，其目的是确保限制温室气体排放的立法永远不会在美国通过。内奥米·奥利斯克斯（Naomi Oreskes）和埃里克·康韦（Erik Conway）在他们2010年出版的《贩卖怀疑的商人》（*Merchants of Doubt*）一书中指出，这是一种在科学上已经达成共识的情况下，通过传播怀疑和困惑，让所谓的争议继续存在的策略，这种伎俩过去曾被烟草行业成功地用于否认吸烟和癌症之间的联系。

气候变化否认者对科学家们的攻击在2009年11月变得更加明显，这次黑客侵入了东英吉利大学气候研究中心的服务器，窃取并公开了数千名研究人员的私人电子邮件。这些邮件显示，一

---

1 Henry A. Waxman to Chairman Barton, 1 July 2005, https://www.geo. umass.edu/climate/Waxman.pdf.

2 Boehlert to Barton, 14 July 2005.

些研究人员很粗鲁，另一些则傲慢或谦卑。但他们没有展示出曲棍球杆曲线是一个由全球性的神秘阴谋集团所制造的科学阴谋——虽然黑客行动背后的"气候变化否认者联盟"宣称如此，且没有任何证据。这次非法的黑客袭击发生在联合国哥本哈根气候峰会召开的前几周，这并非巧合。那一年的哥本哈根气候峰会将建立一个缓解气候变化的国际框架。媒体迅速将此次黑客事件命名为"气候门"，关注的重点不是黑客犯罪本身，而是邮件中使用的语言。在多家专业科学组织的支持下，东英吉利大学气候研究中心再次驳斥了这些污名化的指控。超过8个独立委员会，其中包括美国环境保护署的委员会，调查了这些电子邮件和指控，并且都得出了相同的结论：没有任何证据表明曲棍球杆曲线是骗局或涉及科学不端行为。尽管如此，"气候门"事件还是非常有效地将媒体的注意力从哥本哈根气候峰会的重要目标上引开了，同时还把一些世界上最著名的气候学家拖进了泥潭。尽管曼、布拉德利和休斯的论文已经发表了20年，但他们至今仍在处理曲棍球杆曲线争议和"气候门"事件产生的影响。

在过去的20年里，越来越多的科学研究表明，当前的气候变化已经超出了气候自然变化的范围，源自曲棍球杆曲线的想法已被证实，并得到了进一步的发展和完善。随着时间推移，全球变暖的事实越来越明显。1998年是曲棍球杆曲线中最热的一年，时至今日，1998年在近1000年的高温排行榜中仅排名第十，此后还出现了更热的九个年份。

一旦各国为了减缓全球变暖而采取限制温室气体排放的措

施，某些人的利益就会遭受巨大的损失。正是这些人对我的同事们展开了无休止的攻击，这些纷争耗费了科学家们过多的时间和精力，使得他们不能采集更多更古老的树木，不能对更多的样本进行交叉定年，也不能发表更多的科研成果。这也许就是这种持续的政治迫害和恐吓的一个关键动机：阻止气候学家从事他们的工作——研究自然和人为因素引起的气候变化，并与全世界分享他们的发现。

第七章　变幻之风

　　世界上第一个较为可靠的温度计是由托斯卡纳大公费迪南德二世·德·美第奇（Ferdinand II de' Medici）于 1641 年发明的，他是伽利略·伽利莱（Galileo Galilei）的学生。随后，费迪南德和他的兄弟在意大利及周边邻国建立了一个由 11 家气象站组成的观测网络。从 1654 年起，这些气象站由修道士和耶稣会的牧师们负责运营，多年来他们每隔三到四个小时读取一次温度计的读数，记录温度的变化。但在 1667 年，气象网络中的大部分站点被天主教会关闭了，理由是只有《圣经》可以用来解释自然的变化，仪器记录的数据则不行。到了 1670 年，只有 2 个站点还在继续运行。令人高兴的是，在德·美第奇建立气象观测网络的 5 年后，英格兰中部地区在 1659 年开始了温度的测量，并且一直坚持到现在。由此产生的英格兰中部温度记录是世界上最长的连续温度测量序列。在美国，最早的测量记录始于 1743 年的波士顿。在南半球，只有一项记录早于 1850 年，是在 1832 年开始测量的里约热内卢。直到 20 世纪初，我们才有了一个可靠的、全球范围的温度测量网络，但世界上很多地区仍然缺乏气象数据。例如，克里斯托夫和我在坦桑尼亚野外采样期间手工抄录的基戈马的温度和降水记录，直到 1927 年才开始。器测的气候记录甚至更为复杂，因为当我们能在全球范围内测量气候变化的时候，我们已经开始影响它了。20 世纪初全球气象观测网络建立的时候，工业革命早已开始，人类大量燃烧化石燃料，向大气中排放的温室气体不断增加，这对气候变化产生了影响。

温室气体，例如二氧化碳，可以阻止热量从地球逃逸到太空中，从而保存热量。自 18 世纪末的工业革命以来，化石燃料的燃烧让越来越多的温室气体被释放到大气中，就像一层二氧化碳的被子包裹着地球，导致温室效应增强和地球表面温度的上升，也就是全球变暖。科学家通过钻取南极冰盖的冰芯，测量了古老冰层气泡里的二氧化碳浓度，获得了过去 80 万年来大气二氧化碳浓度的变化历史，使得我们可以在近 100 万年的时间尺度上评估最近 150 年里大气中二氧化碳浓度的增加。研究结果告诉我们：今天大气中二氧化碳的浓度比过去 80 万年中任何时候的二氧化碳浓度都高出将近 40%。由于大多数气象站是在工业革命开始后才建立的，所以仪器记录的气候信息受到了人为因素导致的温室效应增强的影响，同时也叠加了自然因素引起的气候变化。为了理解气候变化的规律，首先需要知道气候在自然状态下的变化。但在工业革命（即人类大规模排放二氧化碳）之前，并没有器测记录来帮助我们了解气候在自然状态下的变化情况。因此，我们需要古气候记录来揭示在没有大规模人类干预的自然条件下气候的变化规律。

古气候记录已经告诉我们，地球气候是一个复杂的系统，既表现出其自身的变化，也受到外部因素的影响，除了大气温室气体浓度的人为改变，它还会对地球轨道、太阳辐射和火山活动的变化做出响应。地球轨道变化主要包括地球围绕太阳运行的椭圆轨道的变化（这会改变地球相对于太阳的位置）和地轴倾斜角度的变化。由于太阳是地球热量的主要来源，这一变化会导致到达地球的太阳辐射量的改变，进而影响全球温度。地球轨道变化的过程是缓慢的，具有周期性特征，它影响着全球气候系统，使得地球气候变化具有 10 万年、4 万年和 2 万年的周期。尽管轨道变化的时间很长，它对地球温度的影响却非常强烈，曾导致了冰河时代的发生。在大约 10 万年的尺度上，地球上的寒冷期（冰期）和温暖期（间冰期）交替出现，这种有规律且交替出现的冰期—间冰期气候被海洋沉积物和南极冰芯完美地记录下来。我们现在正处于一个叫全新世的间冰期之中，它开始于大约 11 650 年前。间冰期的持续时间一般在 1 万到 5 万年之间，按照自然变化的规律，未来我们不可避免地要回到冰河时代。然而，最近增强的温室效应及其导致的全球变暖很可能会彻底改变百万年冰河时代的历史。

　　除了轨道变化之外，太阳自身释放的辐射量也会随着时间发生变化，从而影响地球温度。太阳辐射量的变化也具有周期性，但比地球轨道的变化周期短得多，从几十年到几百年不等。太阳辐射轰击地球大气会产生同位素，即同一种元素相对原子质量不同但化学性质相似的不同形式。例如，铍-10（^{10}Be）是铍（^{9}Be）的放射性同位素，它的半衰期超过 100 万年，是由强烈的太阳辐射轰击地球大气产生的，太阳活动越强，地球大气中的 ^{10}Be 就越多。大气中的 ^{10}Be 被包裹在格陵兰岛和南极洲冰雪层的气泡中，因此古老冰芯中冰封气泡里的 ^{10}Be 值可以用来重建过去太阳活动的历史。太阳辐射的变化也可以根据太阳黑子的多少来估计。太阳黑子较少时，意味着太阳磁场的活性变弱，发送到地球的辐射也随之减少。太阳黑子有时大到可以用肉眼观察到，从 1610 年代开始，科学家就开始利用望远镜观察太阳黑子。长达 400 多年的太阳黑子观测记录提供了太阳辐射变化的历史，揭示了太阳黑子数量以及与它相关的太阳辐射变化具有 11 年的周期。当道格拉斯最开始研究树木年轮时，就是试图利用树轮宽度的变化来确定太阳活动的这一周期。然而，这对地球气候的影响很小，发挥主要影响的是持续几十年的太阳黑子活动低迷期。例如蒙德极小期（Maunder Minimum），它发生在 1645—1715 年，在这 70 年里天文学家观测到的太阳表面黑子数比之前或之后的任何时候都要少得多。具有讽刺意味的是，为期 70 年的蒙德极小期几乎与太阳王路易十四统治法国的时期（1643—1715）完全重合。

　　火山活动是影响气候自然变化的第三大驱动力。大型火山喷发时，尤其是猛烈喷发时，会喷射出大量气溶胶，将二氧化硫（SO_2）和火山灰等细小的颗粒物输送到大气中。经过几周到几个月的时间，二氧化硫会转化为硫酸（H_2SO_4）。一旦形成，硫酸盐气溶胶就会在平流层（大气的上层）广泛扩散，并在那里停留数年。这种火山气溶胶层可以阻止部分太阳辐射到达地球表面，从而导致地表温度下降。因此，火山气溶胶对地表温度的影响与温室气体正相反，火山灰颗粒阻挡了太阳的辐射，使地表温度在火山爆发后的两年时间内下降。热带火山喷出的气溶胶最容易在整个平流层中传播，通常比高纬度地区火山喷发对全球气候的影响更大。另外，强烈的喷发比较弱的喷发会产生更广泛的影响。尽管火山爆发导致的降温作用持续时间较短，最多不过几年，但它的影响可能是巨大的。1991 年 6 月，菲律宾靠近赤道附近的皮纳图博火山（Mount Pinatubo）喷发时，喷出的火山灰高达 35 千米，进入了平流层。在皮纳图博火山爆发后的 15 个月里，全球平均气温下降了大约 0.56 摄氏度。全球范围内对温度敏感的树木在年轮中记录了这次火山喷发造成的突然降温，这些树轮记录可以用来确定火山爆发的年份和规模，并分析它们对气候的影响。

地球轨道变化、太阳辐射和火山活动这三种因素共同影响了过去的气候变化。关于这三要素与气候的关系，过去 1000 年是整个气候历史中研究得最透彻的时段。这一时期气候在自然状态下的变化由英国气候学家休伯特·霍拉斯·兰姆（Hubert Horace Lamb）于 1965 年首次提出。兰姆论文中的图（见图 9）刻画了近 1000 年来英格兰中部的温度变化，其中包括欧洲从中世纪到文艺复兴和地理大发现时代的气候转变时期。气温相对温暖的时期出现在约公元 900 到 1250 年，被现代科学家们称为中世纪气候异常期（兰姆称之为中世纪暖期），在这之后的公元 1500 到 1850 年间，气温显著降低，被称为小冰期。小冰期期间，发生了更多的火山爆发，太阳的能量减小了一些（例如在蒙德极小期），来自太阳的

"一根面条"曲线
（900—1965）

— 休伯特·霍拉斯·兰姆对温度的估计，1965

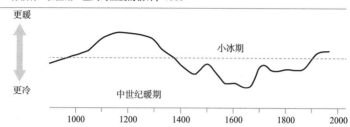

"曲棍球杆"曲线
北半球温度变化（相对于1961—1990年的平均温度）

— 温度重建（1000—1980） — 器测记录（1902—1998）

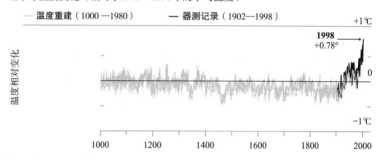

"一盘意大利面"曲线
北半球温度变化（相对于1961—1990年的平均温度）

≡ 不同研究团队的温度重建（700—1995） — 器测记录（1856—2005）

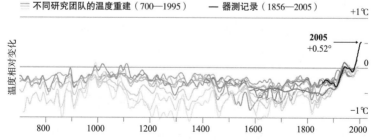

图 9 休伯特·霍拉斯·兰姆描绘了过去 1000 年的温度变化（上图），显示了温暖的中世纪、寒冷的小冰期以及 20 世纪后的再次变暖。过去 1000 年的全球气温变化在科学图像上的呈现已经发生了很大变化，但中世纪暖期和小冰期的概念被保留下来。戴维·弗兰克称这个过程是从"一根面条，到一根曲棍球杆，再到一盘意大利面"的演变。

能量进入和离开地球系统的比例也发生了变化。与"真正的"冰期不同，小冰期不是由轨道变化引起的，它没有那么剧烈，持续时间没有那么长，降温也不会在全球范围同时发生。兰姆定义的小冰期在 19 世纪中期结束，之后工业革命导致了全球温度稳步上升。

半个世纪的古气候研究丰富了兰姆的结果，刻画了 1000 年间温度变化的更多细节特征。我在比利牛斯山的同伴戴维·弗兰克把这种进步称为从"一根面条，到一根曲棍球杆，再到一盘意大利面"的演变。兰姆制作的图看起来像一根卡通版面条（图 9 上），但直到 20 世纪 90 年代末它一直是温度变化历史的主要图像。后来，涵盖更丰富数据和更多计算的曲棍球杆曲线（图 9 中）将其取而代之。在曲棍球杆曲线引发了政治争议之后，更多研究团队基于更多的数据、更强大的计算能力以及各种先进的算法，重建过去全球温度的变化历史，于是得到"一盘意大利面"形状的多条温度变化曲线（图 9 下）。其中，不同研究团队的温度重建结果揭示了一些一致性的变化，例如温暖的 11 世纪和前所未有的温暖的 20 世纪，但也显示了其他世纪里温度变化的不确定性。

当我和戴维在瑞士联邦森林、雪和景观研究所（WSL）共事时，他曾邀请我参与了一个项目。这个项目中，为了获得过去千年清晰的温度变化，我们利用大量树轮数据，使用不同方法重建温度变化，从而得到一组包含 20 多万条温度重建曲线的集成序列。乍一看，这种方法似乎会使本就错综缠绕的线条变得更加复杂，但最终我们的疯狂得到了回报。温度重建集合中呈现出一种主导模式，使我们能够推测出过去 1000 年中最有可能的温度变化。我们发现，温度重建曲线的最后 30 年（1971—2000），极有可能比中世纪气候异常时期中最温暖的时期（1071—1100）高出 0.3 摄氏度，比小冰期最冷的 30 年（1601—1630）高出 0.7 摄氏度。所有重建结果的集成分析表明，中世纪虽然比小冰期要温暖，但不像今天这样温暖。值得注意的是，温度重建曲线的最后一年是 2000年，但自 2000 年以来，每一年的气温都要更高。因此，最近的 30年（1987—2016）比温度重建中的最温暖时期（1971—2000）还要再高出 0.5 摄氏度。[1] 研究结果中体现的温差为 0.3、0.5、0.7，它们看起来可能微不足道，但当我第一次看到这组数据时，我就震惊了。因为我意识到，地球在过去 17 年（2000—2016）里变暖的程度，超过了从中世纪气候异常期到小冰期这 500 年间的变冷程度。

此外，近几十年的变暖无可否认地具有全球一致性，无论你着眼于"一盘意大利面"中的哪条温度重建曲线，全球变暖趋势都清晰地表现出来，而中世纪气候异常期到小冰期的气候转变不论在时间还是地点上，都不具有一致性。例如，小冰期在北极地区的开始时间更早（大约在 1250 年），而在较低纬度的欧洲阿尔卑斯山脉地区开始的时间则比较晚（大约在 1500 年）。虽然小冰期最重要的特征是大部分地区温度的降低，但在有些地区小冰期的发生时间是根据干湿的变化来定义的，而不是传统意义上基于温度的变化。比如，在非洲大陆西北角摩洛哥的阿特拉斯山脉，

1　这一计算结果是北半球年平均温度在 1987—2016 年和 1971—2000 年间的差值，数据来自戈达德太空研究所的地表温度分析（GIStemp）。

小冰期大约开始于 1450 年。这一地区的北非雪松生长取决于它们获得水分的多少，一片树龄长达 500 多年的北非雪松林的树轮记录了这一地区自 1450 年开始变得湿润。

我还没有去看过这片北非雪松林，但它在我的人生清单上。北非雪松是非洲最古老的树木之一，年轮结构清晰，而且能很好地用于交叉定年，是干旱的可靠记录。从树轮年代学家的角度来看，具有这些特征的树木适合开展树轮研究。多年来，许多研究团队已经到访过这片雪松林，并采集了树芯样本。这些雪松体形庞大，直径可达 3 米，到目前为止，还没有人携带长度为 1 米的树轮采样器去获取这些庞然大物的髓心。在我和简·埃斯珀以及他的团队在比利牛斯山和希腊开展合作很久之前，他们就对摩洛哥的这些树木进行了考察。那是 2002 年，他们从一棵树中取出的树芯上数到了 1025 个年轮。但由于他们携带的树轮采样器太短，长度仅 60 厘米，没办法获得树木的髓心，所以无从知晓这棵树最古老年轮的年代。简·埃斯珀认为，如果我们能获得这些树最内部的年轮，其中一些树的年龄很可能在 1300 至 1400 岁之间，那么它们将帮助我们建立长达上千年的北非雪松年表，获取中世纪以前的气候信息。

春季的干旱是影响北非雪松生长的限制因素。当春天潮湿时，树木非常开心地生长，形成比较宽的年轮；当春天干旱时，形成的年轮则较窄。所以它们长达 1000 年的树轮宽度年表就相当于摩洛哥干湿变化的历史。这些树最早形成的年轮（约前 400 年）非常狭窄，这记录了中世纪一场严重而持久的干旱。从大约 1450 年开始，树木得到了更多的水分，一直持续到 1980 年左右，另一场严重的干旱开始了。最近仍在持续的干旱影响了该区域的农业和旅游业，并威胁着雪松林的生存。几个世纪以来，这些森林遭受了过度开发、过度放牧和多次火灾的影响。在最近 30 多年的干旱到来之前，它们的状况已经很糟糕了。对于许多北非雪松来说，这次干旱是压死骆驼的最后一根稻草。目前北非雪松已被列入世界自然保护联盟（IUCN）濒危物种红色名录。

我第一次跟随简·埃斯珀在 WSL 工作，大约是在比利牛斯山野外考察的时候，他的想法是以摩洛哥干旱重建为基础，建立一条干旱曲棍球杆曲线。他想研究在过去的 1000 年里北半球干旱天气的变化是否可以用一张单一的图来描述，这张图类似于经典的曲棍球杆曲线，但说明的是北半球范围内的降水趋势，而不是温度。这样的干旱曲棍球杆曲线在当时并不存在，现在也不存在，因为与温度在大空间范围内的变化具有一致性不同，降水和干旱在空间上的变化非常大，即使通过计算大区域上的平均值也很难获得共同的变化特征。

打个比方，如果你比较一下梅克内斯（位于阿特拉斯山脉的一个气象站）和阿尔及尔（在梅克内斯东北方向约 960 千米处的地中海岸边）年平均温度的变化，你会发现它们非常相似。[1] 在梅

---

1 两条温度变化的时间序列具有显著的正相关关系（r = 0.66，p < 0.001，1961—2016）。r：皮尔逊相关系数；p：置信度；1961—2016 为两条温度序列的时间跨度。

克内斯炎热的年份，通常阿尔及尔也很炎热；在梅克内斯寒冷的年份，通常阿尔及尔也是寒冷的。但如果把比较的对象换成降水，梅克内斯年降水量的变化与阿尔及尔降水量的变化则并不相关。[1] 梅克内斯湿润的年份，阿尔及尔可能是干燥的、平常的，也可能是湿润的，两地的降水之间没有关系。如果要画一幅大范围内的温度趋势图，就像曲棍球杆曲线一样，可以用距离 800 千米或更远地点的平均温度数据，因为不同地点的温度显示出同样的变化。然而，对如此远距离的降水或干旱数据计算平均值，就不具有太大意义了。因为对彼此不相关且相距较远的数据进行平均，将产生一条根本无法提供多少信息的水平线。考虑到这一点，简·埃斯珀建议从更小的地理范围开始，建立欧洲的干旱曲棍球杆曲线，而不是在北半球尺度建立曲线，但我们知道这依然是一个颇具挑战性的目标。对我来说，这一挑战还包括一些更糟糕的情况：一是我以前从未研究过欧洲气候，二是我从未研究过古气候。

在来 WSL 工作之前，我的研究地点位于撒哈拉以南的非洲和美国加州的内华达山脉。这些研究项目与欧洲气候以及气候变化重建都没有任何关系。不用多说，我毫无头绪，但我不想表现出来。我现在是 WSL 树轮研究小组的一员，这个小组甚至不能承认自己在野外饿了，更不用说承认自己的无知了。在我们实验室的日常讨论中，简、戴维、乌尔夫和我们的同事克里斯汀·特里德

---

1 两条降水量变化的时间序列皮尔逊相关系数低，相关性不显著（$r = 0.17$, $p > 0.1$, 1961—2016）。r：皮尔逊相关系数；p：置信度；1961—2016 为两条降水序列的时间跨度。

（Kerstin Treydte）会反复使用中世纪气候异常期和小冰期这两个词，就好像它们是德国足球甲级联赛的球队一样。我记得我曾偷偷地在维基百科上检索这两个词条，试图跟上他们的讨论。我真想在我的桌子上挂一个大牌子，上面写着：

中世纪气候异常期 = 900 年—1250 年 = 暖
小冰期 = 1500 年—1850 年 = 冷

但这个大牌子将泄露我的秘密。在维基百科上检索自己研究领域的关键概念，对克服冒名顶替综合征没有帮助。雪上加霜的是，我还不得不问我的同事一些关于欧洲气候的基本问题，比如欧洲气候变化的主要驱动因素是什么。在我之前研究过的地方，气候年际尺度的变化主要受到厄尔尼诺—南方涛动（El Niño Southern Oscillation, ENSO）系统的影响。我知道太平洋的这种海洋—大气耦合现象对欧洲的气候没有太大影响，但我不知道是什么控制着欧洲气候的变化。现在回想起来，我很庆幸我的同事没有大喊："是 NAO，笨蛋！"

北大西洋涛动（North Atlantic Oscillation, NAO）是指北大西洋上两个主要气压中心（亚速尔高压和冰岛低压）之间气压的相反变化（图 10A）。气压通常与天气变化有关，例如低气压场通常导致多云、多风和多雨的天气，而高气压场带来平静和晴朗的天气。一般来讲，晴朗的亚速尔群岛上空的气压几乎总是高于多雨的冰岛上空的气压。但亚速尔高压和冰岛低压之间的压力差在某些年份比在其他年份更大。当亚速尔高压的气压比正常值高，而冰岛低压的气压比正常值还低的时候，亚速尔高压和冰岛低压之间的气压差就超过了正常值，此时为 NAO 的正相位；反之，当二者之间的气压差比正常值小时，为 NAO 的负相位。

北大西洋风力机器

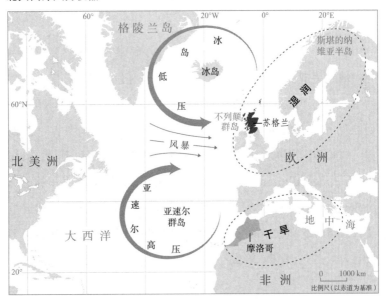

图 10A　欧洲的天气很大程度上取决于北大西洋上的两个气压中心：亚速尔高压和冰岛低压。它们就像一个巨大风力机器的齿轮。当它们之间的气压差比较大时，齿轮全速旋转，给不列颠群岛和斯堪的纳维亚半岛带来风暴，给地中海西部带来干旱，给欧洲中部带来温和的天气。当气压差比较小时，它们缓慢旋转，使北大西洋暖风无法到达欧洲，于是不列颠群岛变得比平时干燥，地中海西部也比平时湿润。

亚速尔高压是一个反气旋，它使风以顺时针方向旋转，从热带地区吹向北大西洋，然后吹向欧洲。冰岛低压是一个气旋，使大气逆时针方向旋转，风从北极吹向北大西洋，然后到达欧洲。这两个气压中心像是北大西洋这个风力机器的巨大齿轮，当NAO处于正相位时，这两个齿轮全速旋转，把暖空气从北大西洋推到欧洲。此时，强劲的冰岛低压给不列颠群岛和斯堪的纳维亚半岛带来潮湿的风暴天气，强劲的亚速尔高压给地中海西部带来干旱，二者共同作用下，强风给欧洲中部带来了温和的气候。当NAO处于负相位时，相反的情况发生了，亚速尔高压和冰岛低压都比正常时要弱。此时，不列颠群岛比正常年份要干燥，尽管仍然相当潮湿；地中海西部比正常年份湿润，尽管仍然相当干燥。北大西洋风力机器的齿轮转动缓慢，阻止了北大西洋暖风抵达欧洲，于是来自东北方向的冷空气得以进入欧洲。

　　虽然我对欧洲气候系统的认识知之甚少，但我还是开始了建立欧洲干旱曲棍球杆曲线的工作。有了简获得的摩洛哥千年干旱记录，我需要寻找长度大致相同的欧洲干旱变化来进行比较。[1]我遇到的第一个挑战就是欧洲大陆缺乏这么长的树轮干旱重建。由于人类使用木材的历史悠久，欧洲大陆普遍缺乏古树。这里最古老的树木阿多尼斯才刚刚1000多岁。和阿多尼斯一样，欧洲大部分古树都生长在人类难以到达的偏远地区，比如高山上，所以它们年

1　严格地讲，摩洛哥不是欧洲大陆的一部分，但它位于非洲西北角，因此它代表了地中海西南部地区的气候变化。

轮的宽窄通常记录的是温度变化，而不是干旱。因此，我不得不扩大搜索范围，进一步走出舒适区，去寻找树轮以外的古气候代用指标。在欧洲过去1000年的少数干旱重建中，只有一条记录与摩洛哥北非雪松的树轮记录相符合：来自苏格兰一处洞穴的石笋记录。就像树木年轮一样，洞穴中的石笋也可以形成生长层。在苏格兰西北部的"咆哮洞穴"，石笋每年形成一个生长层，这代表了石笋一年里的生长厚度。安迪·贝克（Andy Baker）是来自新南威尔士大学的地球科学家，他和他的团队在洞穴中采集了一根小石笋。这根石笋被采集时只有3.8厘米高，但它仍在生长和加厚。研究人员对采集的石笋进行了打磨和抛光，经过观察发现了1087个生长层，并且这些生长层的厚度就像树木年轮的宽度一样，与洞穴上方的冬季温度和降水有关。在温暖干燥的冬季，石笋生长快，形成的生长层较厚；在寒冷潮湿的冬季，石笋则形成狭窄的生长层。也就是说，咆哮洞穴的石笋记录了过去1000多年苏格兰冬季的气候变化。

当我把它与摩洛哥的干旱重建进行比较时，发现二者具有很强的反相关性：在过去的1000年里，苏格兰比平时湿润的时候，摩洛哥就比平时更干燥，反之亦然。例如，当中世纪摩洛哥经历长期干旱时（约1025—1450），该时期苏格兰比正常情况下湿润，而当摩洛哥的干旱在1450年左右结束后，苏格兰则变得干燥（图10B）。

当我第一次告诉简有关苏格兰石笋与摩洛哥树轮记录的反相关变化时，他不屑一顾。树轮年代学家习惯性地不相信其他气候代用指标，比如石笋。树轮这一高精度的研究对象已经把我们宠坏了。我们可以在一个地点采集很多样本，从而完成交叉定年，还

来自树轮和石笋的证据
（约1049—1995）

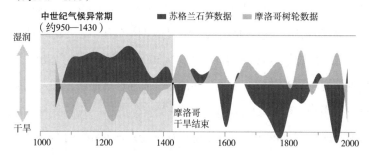

图 10B 石笋记录了冬季气候的变化。将苏格兰过去 1000 年的石笋数据与摩洛哥的树轮数据进行比较，可以发现二者存在一种反相关关系：当苏格兰比正常情况下湿润时，摩洛哥就比正常情况下干燥，反之亦然。

可以对定年结果进行多次检查和验证。在树木生长与气候的关系方面，我们有一个很好的理解机制。每一年都有一个树木年轮数据，通过把年轮数据与气候数据对比，还可以验证我们对树木生长与气候关系的理解，检查树木年轮是否可以用于指示气候变化。具备这些优势的古气候代用指标并不多。"一个可怜的小石笋，这就是你找到的全部？它的定年误差可能有很多年，而且你还没有办法检验，因为你找不到另外一根石笋和它交叉验证。哼，我才不相信你的石笋！"这些不是简的原话，但大致就是这个意思。

然而在我展示了过去 1000 年里苏格兰的湿润期与摩洛哥的干旱期同时发生的曲线图之后，简改变了主意。那一刻，他和我都意识到这项研究的重要性，其中的奥妙还没有被科学界发现。过去 1000 年的数据，让我们不仅看到了苏格兰石笋和摩洛哥树轮之间的反相关关系，还看到了隐藏在背后的 NAO 的变化。咆哮洞穴的石笋不仅指示了苏格兰降水的变化，也记录了冰岛低压的变化。同样，北非雪松的树轮记录不仅代表了摩洛哥干旱的变化，也揭示了亚速尔高压的变化。通过将指示 NAO 中这两个气压中心变化的树轮和石笋记录相结合，我们重建了一个长达 1000 年的 NAO 变化历史。我们的研究本打算建立一个地区性的干旱曲棍球杆曲线，却发现了全球气候系统中最具影响力的现象之一的变化历程。我们所测量的那些微小的、有 1000 年历史的北非雪松树轮，告诉我们的不仅是过去的干旱和降水，还有驱动它们变化的更大尺度上的物理机制和复杂的全球气候变化机制。我们所要做的就是把耳朵贴在树上，仔细地听。

我们的重建第一次把 NAO 的变化回溯到了中世纪，并阐明了 NAO——这个对欧洲气候影响最显著的因素——在过去 1000 年是如何影响欧洲气候变化的。这项研究结果表明：在整个中世纪，NAO 主要处于正相位的状态，但自 1450 年后，它转变为更有规律的变化，且更多地处于负相位（见图 10B）。我们还发现了欧洲中世纪暖期背后的驱动机制：持续的 NAO 正相位会让北大西洋风力齿轮全速旋转，把大西洋上空的暖空气输送到欧洲中部，形成温和的冬季，让欧洲的农业、文化得以发展，人口也迅速增长。1450 年以后，齿轮旋转变慢，并且变得更加不稳定，于是寒冷的气候以及难熬的小冰期就到来了。

发现欧洲在中世纪气候异常时期变暖的机制是我们这一研究领域的一件大事，于是我们决定将论文提交到《自然》杂志。它是世界顶级科学期刊之一，每年收到的投稿超过 1 万份，但其中只有

8% 会被发表。如果《自然》杂志的编辑认为一份论文比较有趣，就会把它寄给其他同行进行评议；如果编辑觉得论文不符合期刊的要求，你会在提交后的两周内收到一封拒稿信。

对于向《自然》杂志投稿的作者们来说，这两周里会忐忑不安。这篇关于 NAO 的论文是我向顶级期刊提交的第一篇论文。我对它寄予了很大的希望：发表与否可能成就或毁掉我的科学事业。当时我是一名博士后，在《自然》杂志上发表论文将对我获得教职有很大帮助。如果我的论文被拒绝发表，那就意味着我在过去两年里的研究并不具有开创性。在 10 天的时间里，我不停地查看邮箱，终于在一天收到了来自《自然》的邮件。是拒稿信。

发件人地址：Patina@Nature.org

收件人地址：trouet@wsl.ch

主题：《自然》稿件编号 2008-08-08011

亲爱的特鲁埃博士：

正如你从我们的上一封邮件中所知道的那样，我们收到了题为《普遍存在的北大西洋涛动正相位主导了中世纪气候异常》的稿件。感谢你的投稿。

编辑委员会对你的稿件初步评估发现，研究结果具有广泛的影响力，并与许多学科相关。论文写得很好，图片质量很高，加深了当前对中世纪气候异常时期气候系统的理解。

遗憾的是，我们不认为这项研究具有创新性，因为我们将在 9 月 22 日出版的期刊上刊登一篇论文，题为《欧洲中世纪气候异常是由北大西洋涛动引起的》。该研究与你的研究在科学问题、结果和意义上，似乎有广泛的相似之处。

我们认识到某些研究工作之间的重复是不可避免的。这在医学和生命科学领域尤为普遍。虽然这能够让结果得到证实或驳斥，并推动科学发展，但《自然》期刊有限的版面不允许我们进一步考虑你的文章。我们对你取得的研究成果表示祝贺，并祝你在其他地方发表你的研究结果时好运。

谨致问候

恩拉尔迪·帕蒂娜（Enraldi Patina）

《自然》期刊编辑

我在心理上已经为拒稿做好了准备，但被拒绝的原因吓了一跳。有其他研究小组提交过类似的论文？我们的成果被抢先了？还没看完邮件，我就冲进简的办公室，把这个消息告诉了他。隔壁的戴维和乌尔夫听到了我的叫喊，很快也来到了简的办公室。我开始对潜在的竞争者大肆抱怨，希望我的同事们也加入进来。没想到他们开始窃笑起来。事实证明，除了是世界级的科学家，我的同事们在恶作剧方面也是世界级的。就在几秒钟前，戴维坐在舒适的办公室里给我发了一封"拒稿邮件"，发件地址是他专门为这个恶作剧而编造的一个具有《自然》期刊风格的假地址[1]。我简直不敢

1　他用的邮箱后缀是 @Nature.org，而不是《自然》期刊的 @Nature.com。

相信我的同事会对我精心设计这样一个恶作剧，但很快我就松了一口气，因为我意识到这说明我们的论文还没有被拒稿。四天后，我收到了一封真正的拒稿信。编辑不认为我们的研究结果能够引起足够广泛的影响，因此不值得在《自然》期刊上发表。但至少我们的成果没有被抢先。

我们决定修改论文的一些表述，以表明其结果具有广泛的影响，并将其提交给另一份顶级科学期刊《科学》。然而，在投稿之前，还有一个关键的障碍需要清除。简指出，我们需要为论文想出一个引人注目的标题。他提议用"变幻之风"（Wind of Change）作为标题，以此对蝎子乐队的一首著名歌曲致敬。需要说明的是，我们的论文报道了我职业生涯迄今为止最重要的科学发现，简却想以一首 20 世纪 80 年代德国摇滚乐队的歌曲为它命名。这首歌的歌词如下：

> 在一个荣耀的夜晚
> 带我去那奇妙的时刻
> 变幻的风里
> 未来的孩子们过着如梦一般的生活

不用说，我坚决反对。最后我们定了一个贴切但略显枯燥的科学标题："持续的北大西洋涛动导致了中世纪气候异常"。大约一年后，《科学》期刊发表了这篇论文。也许不是每个人都会在看了标题之后继续阅读这篇文章，但不管怎样，它被引用了很多次。

第八章　凛冬将至

得益于大量树木年轮数据和其他古气候代用指标，我们对过去1000年的气候变化历史了解得最多，同时这也是人类历史记录最完整的时期。随着时间的推移，越接近现在，地球人口越密集，社会也越来越复杂，从而有更多的书面记录保存下来，包括贸易、航海和农业活动、明确的天气和对自然现象的观测，以及人口普查数据。

这些书面记录包含了人类对自然的观察和描述，也可以用来研究过去的气候变化。例如，从公元5世纪开始，随着基督教传入爱尔兰，爱尔兰僧侣如实地记录和描述了重要的社会事件，形成了爱尔兰编年史。这份长达1000多年（431—1649）的记录可以被视为爱尔兰版《权力的游戏》，其中不仅包括对战争、政治阴谋和6世纪查士丁尼瘟疫的详细描述，也包含了关于风暴、干旱和其他极端天气事件的记录。都柏林圣三一大学的地理学家弗朗西斯·勒德洛（Francis Ludlow）从爱尔兰编年史的4万多份条目中提取了过去的天气信息，并将其中描述的寒冷严酷的冬天与过去的火山爆发联系起来。可用于古气候研究的人造材料并不仅仅是历史文献。我们的祖先在纪念过去极端气候事件的方式上很有创造性。例如，2018 年夏季的干旱导致捷克境内的易北河（Elbe River）水位下降，露出了"饥饿石"。这些石头位于河床，曾在 15 世纪到 19 世纪期间极端干旱时暴露出来，人们为了纪念当时的极低水位，并警示其带来的极端后果，在这些暴露的石头上刻上了文字。其中一块饥饿石上写着："Wenn Du mich siehst, dann weine."意为：如果你看见我，那就哭泣吧。

过去我们更多关注历史文献所记录的极端气候事件对社会的影响，而忽略了它可以直接记录过去气候变化这一作用。通过将代用指标指示的过去气候变化和历史文献记录的人类历史相结合，我们可以了解人和社会在过去是如何应对气候变化的。因为我们正处于一个气候不断变化的时代，希望从历史中学到一些东西。当然，为了理解气候变化与人类历史之间的关系，我们需要气候和历史事件发生的准确年代。树木年轮具有能够绝对定年、定年精度高的优势，并且树轮记录包含了历史文献存在的时段，所以在研究气候变化和人类历史之间联系的众多气候代用指标中，树木年轮可能是最好的一个。

一个很好的例子就是利用树木年轮重建冰海冰川（Mer de Glace）的活动历史，考察冰川活动对人类生活的影响。冰海冰川是法国阿尔卑斯山地区最大的冰川。来自冰海冰川附近山谷里的沙莫尼（Chamonix）小镇的文献记录告诉我们，13 世纪初，冰川活动给当地村落带来了严重的破坏。冰川活动历史也被记录在亚化石树轮样本中，这些样本原本被冰川所覆盖，直到 20 世纪冰川退缩后才被发现。

当冰川融化、蒸发，使得从冰舌（即冰川末端）移走的冰比补给来的冰要多，就会造成冰川退缩。随着冰川的退缩，其末端沿着山谷逐渐向上移动，被冰川推动的冰碛物、碎屑和岩石开始暴露出来，原本埋藏在冰川下的大片亚化石森林遗迹可能也会随之显露出来。在最近暴露出来的冰碛物上，我们也许可以发现一些树木的遗迹，它们通常在过去某个时期的冰川退缩中开始生长，而在后来的冰川前进中被碾压致死，直到 20 世纪冰川退缩时才再次出现。由于冰川下面的缺氧环境，这种亚化石树木可以被很好地保存下来，所以很多情况下可以用这些树木年轮样本来定年。冰川下亚化石树木最外层年轮的年代可以告诉我们树木死亡的年份，由此得出冰川前进的年份。由于树木无法在冰川上生长，所以树木生长的年份跨度可以告诉我们在冰川前进之前，这个区域"无冰"的时间有多长。

为了使用树木年轮来研究冰海冰川的活动历史及其引起的地貌演变，尚贝里（Chambéry）萨瓦大学的一名博士研究生梅兰·勒罗伊（Melaine Le Roy）在冰海冰川的冰碛物上采集了亚化石树轮样本。为了找到合适的木材，梅兰在冰海冰川度过了好几个夏天。他先拿着望远镜从山谷对面来观察冰川的侧碛部分，然后从冰碛的高处爬下去，或者从冰碛的底部爬上去采集他看到的残存的瑞士五针松（*Pinus cembra*）。之后梅兰对冰海冰川的树轮样本进行了交叉定年。结果显示，16 世纪末和 19 世纪初冰川的前进推倒并掩埋了以往几个世纪生长的森林。中世纪时温度较高，冰川处于退缩的时期，因此树木开始在冰海冰川的冰碛物上生长。寒冷的小冰期时，这些树又被前进的冰川掩埋，直到 20 世纪和 21 世纪冰川再次退缩，这些亚化石树木的遗骸才被发现。

小冰期时冰海冰川的前进严重影响了居住在山谷里的居民，尤其是沙莫尼镇的人们。沙莫尼是法国最古老的滑雪胜地之一，1924 年第一届冬季奥运会就是在此举办的。但是在成为旅游胜地和广受欢迎的滑雪小镇之前，沙莫尼小镇并不是一个适合居住的好地方。即使是在相对温暖的中世纪，冰海冰川处于退缩状态时，虽然相对安全，可是在沙莫尼的生活依然艰难。法国历史学家伊曼纽尔·勒罗伊·拉杜里（Emmanuel Le Roy Ladurie）发现 16 世纪的文献资料是这样描述沙莫尼的："这个地方在群山之中，这里如此寒冷，无法居住，以至于没有律师肯来……这里有很多穷人，粗鄙且无知……在名为沙莫尼和瓦洛西内（Vallorsine）的两个地方，没有表来看时间，人们也不知道时间的流逝……没有陌生人会住在那里，自创世之初那里就是冰和霜的世界。"[1] 对于我来说，一个没有律师和钟表的地方听起来还不错，但是沙莫尼的居民却哀叹他们的贫穷，并将此归咎于离冰川太近和残酷的气候。然而这还是在小冰期来临之前的情况。随着寒冷的小冰期到来，沙莫尼的情况变得更加艰难。

1　E. Le Roy Ladurie, *Times of feast, times of famine: A history of climate since the year 1000* (New York: Doubleday, 1971) .

从小冰期中段的 1600 年开始，冰海冰川开始大规模前进，吞没了三个小村庄。冰海冰川的前进还伴随着雪崩和洪灾，导致沙莫尼山谷的村庄和田野都被严重摧毁。1616 年，仅仅在冰川开始前进后的 15 年，萨瓦省商会的一名专员访问其中一个村庄，并对那里的情况做了如下描述："那里仍有大约六幢房子，只有两幢房子还有人住，住着可怜的妇女和儿童，不过这些房子并非他们自己的家。在村庄附近，有着巨大而可怕的冰川，它的体量之大无法估计，除了毁坏剩下的房屋和土地，什么也没带来。"[1]

欧洲历史上不乏关于中世纪温暖气候的故事，然而这些故事最终还是被小冰期的严寒所取代。根据这些故事我们得知，中世纪有着长达 350 年稳定宜人的气候，使得十字军可以收回圣地；建筑师、泥瓦匠和木匠仅在英国就建立了 26 座高大的哥特式大教堂；苏格兰商人为贵族们建造了居住的城堡。温暖的夏天使得葡萄种植业在英国南部蓬勃发展，[2] 这尤其有利于维京人海上势力的发展，他们向西探险，最远到达了格陵兰和纽芬兰。但在 15 世纪中期以后，随着气候的变冷，格陵兰和纽芬兰的维京人定居点都被废弃了。由于夏季温度越来越低，植物的生长季越来越短，英国南部的葡萄种植园废弃了。阿尔卑斯山和斯堪的纳维亚半岛扩张的冰川摧毁了城镇和农场，同时波罗的海冰封，北部的渔业也垮掉了。

1　Communal Archives of Chamonix, CC1, no. 81, year 1616, cited in ibid., 147.

2　英国当前仍在经营的葡萄园超过 400 个，主要分布于更广阔的北部地区。

这类故事促使早期研究气候与历史关系的学者以一种确定性的方式将气候变化和人类历史结合起来。他们认为只有气候变化才是造成过去文明兴衰的原因。总的来看，寒冷的小冰期的确导致整个欧洲和北大西洋地区的生存条件都很艰难。居住在山区的人们和海员面临的风险增加，大范围的食物短缺导致了饥饿、流行病、社会动荡和暴力盛行。但是随着研究的深入，我们现在可以更好地了解气候变化和人类历史之间复杂的相互作用。

事实证明，漫长寒冷的小冰期也有一些正面的影响，例如老彼得·勃鲁盖尔（Pieter Brueghel the Elder，约 1525—1569）创作了画中那些经典的寒冬风景，玛丽·雪莱（Mary Shelley）创作了小说《弗兰肯斯坦》（Frankenstein）。1816 年夏天，玛丽·雪莱在日内瓦湖度假时完成了她的经典之作。那个夏天的天气糟透了，玛丽和她的丈夫不得不待在房子里。为了打发时间，他们互相给对方讲恐怖故事，其中一个故事讲的就是一名年轻的科学家创造了一头可怕的怪兽。现在，根据早期的气象观测和树木年轮数据，我们知道了怪兽弗兰肯斯坦"诞生"的那一年夏季很冷，被称为"无夏之年"，这是由前一年印度尼西亚坦博拉火山爆发造成的。就连"弥赛亚"小提琴以及斯特拉迪瓦里制作的其他小提琴所发出的动人音色，都应归功于寒冷的小冰期期间树木的缓慢生长。斯特拉迪瓦里制作小提琴（1656—1737）多是利用云杉和槭树，这些树的年轮很窄，密度也均一。小冰期时异常寒冷的夏季塑造了这些窄轮，据说是制作小提琴的绝佳材料。

我们已经知道，小冰期的严寒虽然笼罩了整个欧洲，但是不同地区所受到的影响程度却存在差异，有些国家从中获利，有些国家损失惨重。究其原因，不同区域气候上的差异固然重要，而国家和社会的恢复力以及应对寒冷气候的策略上所存在的差异也同样重要。例如，在气候剧变的 17 世纪中期，荷兰共和国正处于黄金时代。虽然小冰期给荷兰这个低地国家带来了更多的霜冻、风暴和暴雨，但总体而言，荷兰受到的影响没有欧洲其他地方严重，而且荷兰人精心设计了从小冰期气候中获利的策略。当大量鲱鱼从波罗的海的冷水迁徙到北海时，荷兰的渔业兴盛起来。荷兰农民创造了新的耕作方法并采取多样化种植，例如将土豆作为主要作物。荷兰商人利用整个欧洲的歉收来提高库存粮食的价格，并控制欧洲粮食的供应。同时，荷兰共和国通过投资其运输网络和福利计划，以抵御小冰期的寒冷所带来的负面影响。

然而，无论是气候变化、人类历史演化，还是两者之间的关系，都不是线性的。气候变化中的赢家和输家并非一成不变。学者们发现，维京人在格陵兰定居的历史比最初想象的更加复杂，这给我们提供了一个反映群体的恢复力和脆弱性随时间变化的典型案例。整个中世纪，随着温度升高，北极海冰向北退缩，北大西洋为维京人进一步向西拓展疆域提供了广阔的空间。受斯堪的纳维亚峡湾人口过多和农业用地不足的影响，他们于 9 世纪到达了法罗群岛（Faroe Islands），并定居在那里。874 年他们从法罗群岛出发到了冰岛，之后快速将森林砍伐殆尽，来为农业活动提供必要的场地。从冰岛出发，红发埃里克（Erik the Red）和他的探险队在 10 世纪末航行到了格陵兰，在那里他们发现了可以作为夏季牧场的绿色草地，以及丰富的鱼类和海洋哺乳动物。埃里克认为，如果这个地方有一个吸引人的名字，人们会更愿意前来，于是他称这里为格陵兰（Greenland，意为绿色之地）。他的营销策略发挥了作用：在他返回冰岛后不久，维京人就在格陵兰的东南部和西部海岸建立了两个永久定居点。从那里出发，他们又向西探险，抵达了纽芬兰，于公元 1000 年左右在那里的兰斯欧草场（L'Anse aux Meadows）建立了一个永久定居点。来到新世界的定居者们在那里生存并发展了 200 多年。他们向西航行到北美寻找木材，向东来到冰岛和挪威，在那里他们支付什一税并用海象的象牙来交换生活补给品。

但是在北大西洋地区，小冰期到来得更早一些。1250 年左右，北极浮冰出现在比以往偏南的位置，迫使维京人开始改变甚至停止了他们在斯堪的纳维亚半岛与其殖民地之间的航行。随着气候恶化，冰川不断前进，作物生长季缩短，来自斯堪的纳维亚半岛的补给也减少了，新世界的居民们越来越被孤立，因此在格陵兰边缘地区进行农业生产几乎不再可能。最初，格陵兰的维京人通过改变他们的耕作方式，很好地适应了变得糟糕的生存条件。在此期间他们减少了对农业的依赖，生存策略也变得多样化。在东南部的定居点，人们建立了一种提高干草收成的灌溉系统；而西部定居点的人们扩大了他们的狩猎场地以便获得更多的海象象牙用来交易，更多的海豹和北美驯鹿被用来作为食物补给。然而到了 14 世纪，随着图勒人（Thule）迁居到格陵兰，原本定居于此的人们忙于与图勒人争夺生存空间，这些最初对贸易和狩猎的投资就中断了，海象象牙在欧洲也不再流行。在这种不利的条件下，一个长达10年的异常寒冷期（1345—1355），给了格陵兰西部的定居点致命一击。在最繁荣的时期，西部的定居点至少有95个农场，大约1000名居民。但是，当一位名叫伊瓦尔·巴尔达森（Ivar Bardarson）的挪威神职人员在14世纪50年代来到这里时，他所看到的只有空地。格陵兰西部定居点在14世纪中期被废弃，一个世纪后，东部的定居点也被废弃了。

然而，中世纪时期和维京人一起定居在格陵兰的游牧民族因纽特人在小冰期时却没有没落，反而繁盛起来。因纽特人利用皮艇出行和狩猎，他们从海冰的边缘出发，通过浮冰他们一整年都可以开展狩猎活动。小冰期时他们利用扩张的海冰来扩大打猎的"场地"。17世纪时，他们的活动范围有时可远达奥克尼群岛和苏格兰北部。在不列颠群岛的南部，一些伦敦人也发现了从小冰期寒冷气候条件获利的方法。从17世纪到19世纪初，冬季"冰霜集市"定期在泰晤士河上举行。那时泰晤士河比较宽、比较浅，而且流速较慢，在最寒冷的冬季，它常常会结冰好几天，在上面可以举行赛马和马车比赛。还有一个出名的例子是，1814年人们曾牵着一头大象穿过冰面。就像所有比利时人都知道的那样，小冰期导致了英国葡萄酒制造业的衰退，可惜的是他们从未利用这次机会，来学习如何正确地酿造啤酒。

第九章 树木、飓风和海难

树木年轮可以告诉我们很多让人惊奇的事情,但是作为气候代用指标,树轮也有其缺点。严格意义上来说,在海洋、湖泊、南极或者北极的大部分地区,树木是无法生长的。由于缺少清晰的年轮,热带地区的树木也很少被用于古气候研究。幸运的是,上述这些区域还有其他生物或地质记录,这些记录同样可以用来研究过去的气候变化。北极和南极的冰芯含有数十万层的雪和冰。海洋和湖泊沉积物也具有水平分层的特征,在地表以下,样本越深,这些水平岩层就会带我们回到越久远的年代。这些水平岩层无法提供像树木年轮那样可靠的历年记录,因为沉积物的一个水平岩层可以代表 5 年、10 年、100 年甚至 1000 年。尽管如此,它们仍可以告诉我们有关过去气候变化和生态系统的信息,而且通常比树木年轮的时间跨度要长得多。例如,取自南极艾伦山(Allan Hills)最古老的冰芯,它的年龄超过 270 万年,远远超出了树轮年代学的时间范畴。

除了树木年轮之外,还有一些气候代用指标能够形成年层,例如石笋。珊瑚、蛤蜊和鱼类的耳石每年也能形成可靠的生长层。

这些"海洋中的树木"可以告诉我们有关海洋洋流、温度和大气—海洋相互作用的故事，例如厄尔尼诺—南方涛动现象。贝壳年轮学是一个相对年轻的科学领域，它从树木年轮学借用了包括交叉定年在内的一些研究方法，利用这些海洋生物建立几百年来的海洋气候变化序列。例如，来自威尔士班戈大学的贝壳年轮学家们利用北极圆蛤（*Arctica islandica*）的壳体建立了一条长达1357年的海洋温度变化序列，这种可以食用的蛤蜊在冰岛沿海地区被打捞和交易。不幸的是，贝壳年轮学家向树轮学家借鉴得可能有点过了。在这些从冰岛北部沿海地区打捞上来的圆蛤中，有一枚圆蛤年龄长达570年，名叫哈夫隆（Hafrun[1]），它是世界上已知最古老的非群居动物。但是，由于没有意识到哈夫隆的高龄，当班戈大学的研究者们为了分析它的生长年轮而打开它的壳时，将它杀死了。和世界上已知最老的活树普罗米修斯一样，哈夫隆因为科学目的而死去了。不过，与稀少的长寿松不同，北大西洋中有数百万枚圆蛤。哈夫隆不可能是最古老的那枚，但是寻找另外一只500多岁的软体动物就像大海捞针一样，贝壳年轮学家们依然在不懈寻找。

我在亚利桑那大学树轮实验室的同事布赖恩·布莱克（Bryan Black）刚开始是一个树木年轮学家，后来转向贝壳年轮学的研究。在研究加利福尼亚的沿海气候时，他尝试将这两个领域结合起来。布赖恩先是在加利福尼亚沿海捕获裂吻平鲉（*Sebastes diploproa*），之后对它们的耳石进行交叉定年，并据此建立了一条

1　冰岛语，意思是"海洋之谜"。

接近 60 年的海洋生产力变化序列。然后，他又将这条海洋生产力变化序列与三条加利福尼亚的海鸟[1]产卵时间和幼鸟成活率的序列进行了比较。他发现鱼类生长比较旺盛的年份和海鸟繁殖成功率较高的年份一致，两个序列同步变化并受到同一个因素的影响，即加利福尼亚洋流。加利福尼亚洋流沿着加利福尼亚海岸向南移动，将深海富含营养物质的冷水上翻到海洋表面，从而支持海洋生态系统。冬季，太平洋沿岸被一个高压脊控制，此时加利福尼亚洋流活动以及海水上涌较强。高压脊附近的风顺时针旋转（和亚速尔高压附近的风是同样的方式），进一步促使加利福尼亚洋流向南移动，并导致海水上涌增强。虽然这样的高压系统有利于提高海洋生产力，但同时阻隔来自北太平洋地区的冬季暴风雪到达加利福尼亚（图 11A），导致加州缺乏雨雪。2012—2016 年加利福尼亚发生的持续大旱就是这个原因造成的，当时一个持续的高压脊非常稳定，使得冬季的暴风雪无法到达加利福尼亚，这个高压脊也被称为"超级高压脊"。[2]

2012—2016 年的加利福尼亚大旱被蓝栎（*Quercus douglasii*）的年轮完整记录下来，这种蓝栎生长在内华达山脉的山麓和中央谷地。无论在世界上哪个地方，蓝栎都是当地对湿度最敏感的树木之一；在过去的 700 年里，加州每一个干燥的冬天都在蓝栎树

1　侏海雀和崖海鸦。

2　Daniel Swain, "The Ridiculously Resilient Ridge continues into 2014; California drought intensifies," *The California Weather Blog*, 11 January 2014, http://weatherwest.com/archives/1085.

超级高压脊

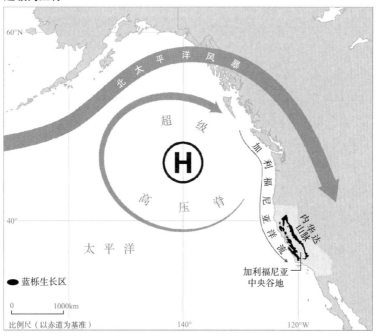

图 11A　超级高压脊会阻止北太平洋风暴给加利福尼亚中央谷地的蓝栎林带去降水，也阻止其向东给内华达山脉带去降雪。换句话说，当狭窄的蓝栎年轮表明中央谷地干旱时，内华达山脉也是干旱的，导致积雪量降低。从高压脊吹来的顺时针旋转的风会促进加利福尼亚洋流向南移动。这有利于富含营养物质的深层海水上涌，支持海洋生态系统。

轮序列中形成了一个狭窄的年轮。因其对湿度变化敏感，蓝栎曾被用来研究加利福尼亚的水文气候历史，如重建加利福尼亚主要河流的径流量，以及圣弗朗西斯科湾的水质变化。由超级高压脊导致的干旱使蓝栎林生产力衰退，因此蓝栎林的变化在根本上也和加利福尼亚洋流有关。布赖恩发现平鲉和海鸟生产力的时间序列与蓝栎的树轮序列呈相反的关系。当冬季超级高压脊出现时，一方面阻挡暴风雪和水汽，使得它们无法到达中央谷地的蓝栎林，另一方面促进加利福尼亚洋流的活动，让富含营养物质的深层海水上涌，有助于海鸟和平鲉的存活。也就是说，当加利福尼亚的人们和蓝栎在2012—2016年遭遇了超级高压脊造成的大旱时，当地的鱼类和海鸟的数量却大幅上升。布赖恩描述的故事寓意何在呢？可能是加利福尼亚平鲉的耳石和树木年轮之间具有超出一般人想象的关系；也有可能是，即使你住在加利福尼亚的沿海地区，鱼和熊掌也不能兼得。

我的团队使用相同的蓝栎数据研究了加利福尼亚水文气候的另一个方面：内华达山脉的积雪。2015年4月1日，加利福尼亚大旱的第四年，州长杰里·布朗（Jerry Brown）首次颁布了强制性措施，在全州范围内进行水资源控制以缓解干旱的影响。他的这个决定是根据内华达山脉太浩湖（Lake Tahoe）西边的菲利普斯积雪观测站的情况做出的，这个观测站自1941年以来一直在测量积雪。积雪通常用雪水当量（Snow Water Equivalent，SWE）来表示，它反映的是积雪中储存了多少水，雪水当量可以理解为积雪完全融化后所得到的水量。雪水当量一般在4月1日测量，之所以选择这个时间，是因为在此节点之前大部分雪已经下完，但还没有开始融化，因此4月1日的雪水当量基本上代表了整个冬季的积雪。1941—2014年，菲利普斯站4月1日的平均雪水当量是68厘米。2015年4月1日，当布朗州长宣布他的决定时，菲利普斯站地表没有一点雪，雪水当量是0。

菲利普斯站的无雪记录是整个内华达山脉的一个标志性事件。该站点最早的雪水当量观测始于 1930 年，当 2015 年 4 月 1 日雪水当量的数值被公布后，人们发现这一年的积雪量是 80 多年来的最低值。索玛雅·贝尔切瑞（Soumaya Belmecheri）和弗卢里·巴布斯特（Flurin Babst）是我在亚利桑那大学树轮实验室研究组中的两名博士后，听到这些数字时，他们意识到，也许我们可以利用对干旱比较敏感的蓝栎年轮数据重建过去的雪水当量，将 2015 年的雪水当量放在一个更长的时间尺度上——或许也是更有意义的背景下——来进行分析。他们首次发现了一个重要的关联：阻止北太平洋风暴给蓝栎带去降水的超级高压脊，正是阻止风暴向东移动、给内华达山脉带去降雪的那个超级高压脊。换句话说，在中央谷地干旱的年份，生长在那里的蓝栎会记录下这些干旱，同时内华达山脉也发生干旱。通过这种联系，我们可以使用蓝栎的树木年轮特征重建内华达山脉的年积雪变化，时间跨度不是过去的几十年，而是几百年。

2015 年 4 月 1 日雪水当量数据一经公布，索玛雅和弗卢里就开始了他们的工作。他们收集了内华达山脉雪水当量的器测数据和 1500 多条蓝栎的树轮宽度序列。他们首先检验了两组数据的质量，计算了二者的统计参数，建立了利用树轮来重建雪水当量的统计模型，然后计算了重建序列的误差范围，以及极端干旱和极端湿润年份再次发生的时间和概率。统计和定量分析在使用树轮数据建立准确可靠气候序列的过程中非常重要。整个 4 月份，索玛雅和弗卢里像粘在电脑上一样，分析其中的每个环节，反复检查每一个结果。在他们盯着屏幕的那些日子里，我甚至不忍心去敲他们办公室的门，以免打断他们的思路。同时，我们都感觉到也许这一次将得到重大的发现，我迫不及待想看到结果。

5月初，在经历了一个月的材料整理、代码编写、最优重建方法讨论后，我们建立了一条500多年（1500—2015）的内华达山脉雪水当量变化序列。重建结果显示，2015年内华达山脉的积雪量不仅是过去80年中的最低值，在过去500年中它也是最低的。500年来，内华达山脉的积雪量从未像2015年那样低（图11B）。这个结果令人心情复杂。一方面，我们意识到自己的付出有了回报——这一发现不仅对于科学界来说很重要，对加利福尼亚州的居民和决策者也很重要。另一方面，我们都很清楚，找到500年来的积雪量最低值并不是一件好事，尤其是考虑到积雪作为一个天然水塔，提供了加州30%的用水。2015年积雪的空前低值也是很多事情的前兆：随着人类对气候变化影响的加剧，这样的积雪低值在将来也许会经常出现。

内华达山脉的积雪
（1500—2015）

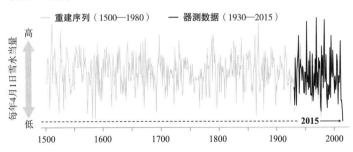

图11B　通过集成蓝栎的树轮数据，我们重建了内华达山脉的积雪变化。结果显示2015年的积雪量是过去500年中的最低值。

鉴于我们所得结果的重要性和迫切性，我们决定写一篇简短的论文——只有 500 个字，因为这样看起来和"500 年来的最低值"比较匹配。[1] 我们像分析数据时那样迅速地撰写论文。5 月底我们将论文提交到《自然气候变化》（*Nature Climate Change*），9 月中旬论文就被发表了，距 4 月 1 日雪水当量值公布仅仅过去了 5 个月而已。那时加利福尼亚大旱仍在持续，我们的研究结果及时地报道了这次破历史纪录大旱的特殊性，也引起了《纽约时报》《洛杉矶时报》《华盛顿邮报》和美国有线电视新闻网等多家媒体的注意。一夜之间，每个人都在讨论 500 年来的最低积雪量。如果说索玛雅·贝尔切瑞和我认为我们此前面临很大的压力，那么现在压力又来了。

当这篇论文发表时，我们正在图森召开一个为期两天的项目研讨会，邀请了来自美国各地的十几个同行。回想起来，我们本应要求杂志社推迟一周发表论文的，但那时我们并不知道这篇论文会受到媒体的强烈关注。研讨会第一天早上，我在不到 45 分钟的时间里收到了 25 个采访邀请。加利福尼亚的每个电台都想让索玛雅或我谈谈对"加州无雪"的看法。项目研讨会开得一团糟，我们被媒体包围，没能做好东道主。与此同时，关于 500 年来积雪最低值的新闻迅速传播。

某种意义上，内华达山脉积雪的变化可以被认为是干旱曲棍球杆曲线——我从 7 年前就开始寻找的东西。这是一张很容易理解的图（图 11B），它清晰地显示了当前气候史无前例的特征，也

1　科学论文的字数一般在 1500 到 5000 之间。

因此牵动了媒体的神经。一些气候科学的反对者对我们以及我们的研究结果进行了抨击，但这次他们的攻击力度不强，比曲棍球杆曲线最初提出时遭到的攻击差远了。可能是最近 15 年无可争议的气候变化让反对者们难以辩驳，也可能是反对者们并不在乎加利福尼亚降雪的变化，又或者是他们认为索玛雅和我只是两个微不足道的小女子，不值得去攻击。不管怎样，能逃过他们的怒火，让我们觉得自己很幸运。

我们对内华达山脉 2015 年低积雪量的研究是利用树轮研究极端气候事件的一个典型例子。极端天气和极端气候事件，[1] 例如干旱、热浪、洪水、龙卷风和飓风，是气候系统中极具破坏性的一部分。这些很少发生的、严重偏离长期气候平均态的事件已经对人类的生存与生计、生态系统和经济造成了灾难性影响。根据定义，极端事件发生的次数很少，所以研究起来比较困难。如果你想研究风速超过每小时 250 千米的大西洋 5 级飓风，那么根据始于 1851 年的飓风观测记录，在近 170 年的时间内你只有 33 场事件可以研究。在这 33 场事件中，作为 5 级飓风在美国登陆的（1935 年的劳工节飓风、1969 年的卡米尔飓风和 1992 年的安德鲁飓风）只有 3 场。[2] 这些事件太少，所以我们无法可靠地估计它们发生的

1　这两种事件的区别并不清晰，主要和它们的时间尺度有关。极端天气事件的持续时间为 1 天到数周，极端气候事件可以持续至少 1 个月。

2　2018 年 10 月迈克尔飓风在佛罗里达登陆，风速为每小时 249 千米，稍低于 5 级飓风的门槛。

频率，或者它们在将来发生的可能性。

为了更准确地估计这些极端事件未来发生的可能性，我们可以使用古气候代用指标来建立更长的事件序列，从而获得更多可研究的极端事件。树木年轮非常擅长捕获极端事件，因为在众多地质和生物记录中，树轮具有较高的分辨率。树轮记录经常被用来重建极端干旱和低温事件，它们也能被用来重建其他极端气候事件，例如洪水和风暴。当风暴或飓风吹掉树叶或者折断树枝时，对树冠造成的破坏将被记录在树木的年轮里。当树木一次性失去很多叶子时，它们也丧失了光合作用的能力，因而失去了生长宽年轮所需的能量。在没有完整树冠和光合作用能力不足的情况下，碳会成为树木生长的主要限制因素，而非水分或者温度。遭遇风暴之后，在一段时期内树木的生长会受到抑制，产生一系列窄轮，从而记录下这些极端的风暴事件。生长抑制在风暴袭击的当年就会开始，树木的叶子会掉落，而且这种情况会一直持续到树冠再次完全长出来为止。当然，也会有其他原因造成树木失去光合作用的能力（例如食叶昆虫、火灾和其他树的竞争）或树木的生长抑制（例如干旱）。因此，若要树木年轮来研究过去的风暴——这一研究领域被称为古风暴学（paleotempestology）——选取合适的地点和树种非常重要。对于重建过去风暴来说，一个好的地点应该是树木遭遇过风暴，但是没有其他限制因素（如虫害暴发或者天然火灾）控制树木生长。

佛罗里达群岛是位于加勒比海西北部佛罗里达南端的一串岛屿，满足了古风暴学研究所需要的条件。生长在当地大松礁岛

（Big Pine Key）的湿地松（*Pinus elliottii*）没有遭遇过干旱或冷夏，这里也没有食叶昆虫或者其他值得一提的树木生长限制因素。作为一座加勒比海岛，大松礁岛经常受到飓风的袭击：1851年起，曾有不少于45场飓风席卷了这座海岛160千米半径以内的区域。和佛罗里达大部分区域一样，大松礁岛地势比较平坦。这座海岛最高点的海拔只有183厘米。不过，对于生长在海岛中心的树木来说，这183厘米已经为它们提供了位于更低海拔的邻居们所不具有的优势。在飓风卷起的风暴潮下，生长在较高海拔的树木存活概率更高，因为侵入的盐水会快速退去，不会停留太久而毁掉这些树。大松礁岛的湿地松在飓风的频繁袭击下，已经形成了自己的生长方式，使得它们可以抵抗风浪，不容易被连根拔起或被狂风刮断。因此，很少有湿地松会在飓风中死去，但是很多树会损失树叶和枝干，在年轮中表现出生长抑制。

当爱达荷大学的树轮学家格兰特·哈利（Grant Harley）观察他在大松礁岛采集的湿地松树轮样本时，发现了在同一年份不同树木的生长频繁受到抑制的证据。随后格兰特统计了每年生长受到抑制的树木个数，他发现在一些特定年份，大松礁岛大部分甚至是全部湿地松的生长都受到了抑制。当他将这些年份和已知的飓风事件进行比较后，这些树木生长受到抑制的原因便显现出来：自1851年起，44场飓风曾对大松礁岛附近地区造成影响，格兰特的树轮记录捕捉到了其中的40场。根据树木生长抑制和飓风之间的这种关系，格兰特用他建立的长达300多年的湿地松年轮序列重建了大松礁岛1707年以来飓风发生的年份。

当我们在图森的国会酒店露台喝东西的时候，格兰特向我提起了他对大松礁岛飓风历史的重建。那是 2013 年 5 月，第二届美国树轮会议的最后一晚，大概有 250 个来自全世界的树轮学家来到亚利桑那大学树轮实验室这个"树木年轮研究的发源地"，参加这届会议。就像命中注定的一样，那晚桌边还坐着另一位树轮学家玛尔塔·多明格斯－德尔马斯（Marta Domínguez-Delmás），她来自西班牙，在阿姆斯特丹大学工作，主要研究的是沉船木材中的树木年轮。会上，玛尔塔已经展示了她对造船用木材的研究，这些木材来自地理大发现时代遭遇海难的西班牙沉船。玛尔塔关于加勒比地区沉船残骸的故事与格兰特关于加勒比海岛上的树木遭受风暴袭击的故事存在一个共同的主题：飓风。在 19 世纪蒸汽轮船出现之前，从欧洲到美洲穿越大西洋的航行中，飓风是导致海难的主要原因。它们也同样是大松礁岛上的树木生长受到抑制的原因。

　　那晚的交谈中，我们提出了一个想法，把大松礁岛的树轮和发生在加勒比地区的海难记录结合起来重建过去的飓风历史，这样也许可以将飓风历史向前延长超过 300 年。我们假设飓风是造成加勒比地区海难事件的罪魁祸首，这样就能用每年海难发生的次数作为飓风活动的代用指标。想验证这个假设，我们需要一个海难事件的数据库，数据库里要有海难发生的日期、地点以及原因。玛尔塔恰好知道应该去哪里获取这个数据库：在罗伯特·马克斯（Robert Marx）所著的《美洲的海难》（*Shipwrecks of the Americas*）一书里，按照年份和地点全面收集和整理了美洲地区大约 4000 起海难。这本书本来主要是给沉船潜水员和寻宝人看的，但它也将成为树轮学家的珍贵资源。

当玛尔塔和我开始着手收集马克斯书中的海难记录时，玛尔塔劝我仅分析西班牙船只的海难。起初我觉得她只是因为爱国，后来发现她的理由很有道理。西班牙人最先横渡大西洋，从欧洲抵达美洲，从16世纪到18世纪，装满财富的"银色舰队"是西班牙成为经济强国的关键因素，也是西班牙政府的一笔巨大投资。因此当年那些航行的细节，包括出发去美洲的船只和舰队的数量，还有每年海难的数量、地点、日期和原因，都被一丝不苟地记录下来，存放于西印度群岛综合档案馆。[1] 马克斯书中有关西班牙海难的记录正是基于这些档案，这项记录信息翔实，并且可以追溯到15世纪末。这正是我们所需要的材料。

在马克斯书中众多的海难事件中，我们排除了那些因战争、海盗、火灾或者航行失误导致的海难，只提取出那些发生在加勒比地区飓风季节（7—11月）的海难事件。两周的统计工作过后，我们手中已经有了一个时间序列，这个序列包含了1495—1825年的657起海难事件以及每年沉船的数量。1495年，6艘卡拉维尔帆船在拉伊莎贝拉港口（今多米尼加共和国）失踪。当然，我们知道马克斯的书和我们整理的数据库并不完整。在加勒比海的海底还有一些沉船没有被记录下来，就连西印度群岛综合档案馆也没有记录。我们也知道即使经过仔细审查，数据库中仍然有可能存在

1　这份总计43 000卷、约8000万页的档案记录了西班牙帝国在美洲和菲律宾的扩张历史（16世纪到19世纪），这些档案被收藏在西班牙塞维利亚的一栋专门的建筑里。

一些不是飓风造成的海难。因此，我们的下一步就是证明尽管不完美，这些海难记录仍然是重建加勒比海飓风活动的可靠指标。

要完成这个目标，最简单的方法可能就是直接将海难的年份和已知飓风发生的年份进行比较，就像格兰特对比大松礁岛树轮序列中生长受到抑制的年份与飓风发生的年份那样。但是这无法实现，因为海难记录在1825年就结束了，而器测的飓风记录直到1851年才开始，这两条序列在时间上没有重叠。此时大松礁岛的树轮记录就发挥作用了。格兰特所做的长达300年的飓风重建记录（1707—2010）在器测的飓风记录（1851—2010）和海难记录（1495—1825）之间架起了一座桥梁。从格兰特的早期分析来看，我们已经知道一些树木显示生长抑制的年份对应于飓风发生的年份。于是就得到了"最佳组合"：在树木生长广受抑制的年份，海难也高频发生。看到海难发生的年份和树木生长受到抑制的年份如此吻合，就算我们这些经常比对序列的人，也感到很是惊奇。

能够解释这种一致性的唯一机制就是飓风。这个结果也证实了我们最初的假设：通过将两项记录结合起来，可以将加勒比海的飓风活动历史往前推到1495年，也就是海难记录开始的那年。从开始提出假设到假设得到验证，这一过程中我们都很兴奋，然而兴奋过后，下一个问题在等着我们。我们已经建立了一条长达500年的加勒比海飓风变化序列，但是还不确定下一步怎么做。从这条500年的飓风历史重建序列中，能获得哪些150年器测飓风数据没有告诉我们的信息？我们需要时间去弄清楚。

那个夏天的晚些时候，在弗拉格斯塔夫的一家咖啡店里我找到了答案。当时我在亚利桑那州北部采集树轮样本，住在一个不怎么舒服的汽车旅馆里。不幸的是，野外工作开始几天后，我就发烧了，因此我决定待在床上。但是我的决定并没有持续太久。因为在白天，便宜的汽车旅馆就是悲惨之地，尤其是对生病的人而言。我只能带着笔记本电脑，拖着病体去最近的咖啡店，利用难得的空闲从另一个角度考虑有关加勒比海难的工作。

我在靠窗的地方找了一个座位，要了一杯美式咖啡，打开笔记本，将我们的飓风重建序列图调整到全屏大小。听到服务员喊我名字后，我去柜台拿起咖啡，小心翼翼地再度回到窗边的座位时，飓风重建图上的一些东西吸引了我的注意力。从稍远的距离来看，我们的重建序列只有一个非常突出的特征：17世纪末在海难数量上有一个大约持续70年的下降期（图12）。近距离观察时，我发现这个下降期发生在1645年到1715年，这一段时间海难和飓风远远少于之前或之后200多年的其他时段。一旦看到这个现象，我就无法忽视它的存在了。我努力调动高烧中的大脑，试着去回忆这一段特别时期有什么其他不同寻常的事。当我意识到飓风数量减少的时期和蒙德极小期（17世纪末太阳黑子数量降低的时期）在时间上完美重合时，我差点在咖啡店中大喊"我找到了"（Eureka）。这个发现令我兴奋不已，而且立即治愈了我的感冒。但是对于新发现给我带来的喜悦，咖啡店的其他顾客浑然不觉。他们只是盯着自己的电脑屏幕，闷在他们的头戴式耳机中，完全不听咖啡店里播放的激情摇滚乐。我不得不等到晚上才和从野外返回的同事们分享了我的喜悦。

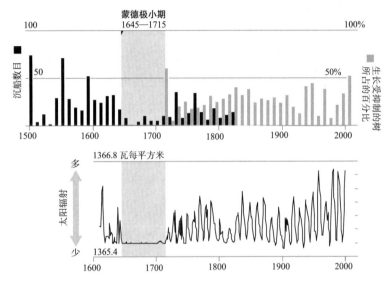

沉船、飓风和太阳黑子
（1500—2000）

图 12　1645—1715 年，飓风和海难的数量突然大幅度下降。这个时段对应于蒙德极小期，即太阳黑子数量处于低值的时期。

　　我们发现的飓风数量下降时期为解开蒙德极小期和小冰期气候之谜提供了一块新的拼图。蒙德极小期对全球很多区域的气候产生了重要影响，加勒比海地区可能也在其中。我们发现低太阳辐射和弱飓风活动之间存在一个长期的相关关系，这个关系可以用海洋温度来解释。较暖的海水提供更多的热能和动能，增加了飓风形成的可能性。当海洋温度高于 28 摄氏度时，飓风才能形成和发展。这也是为什么加勒比海地区的飓风季节一般发生在较温暖的 7 月到 11 月之间。在蒙德极小期，到达地球表面的太阳能量低于正常时期，导致大西洋和加勒比海的海洋温度较低，形成飓风的机会相应减少。于是，飓风活动、海难的数量在蒙德极小期都很少。这个联系不仅增强了我们对过去气候变化的理解，也有助于改进用于预测加勒比海飓风未来情形的关键气候模型，以便我们更好地为将来做准备。

全球气候模式（又称大气环流模式）是使用物理学、流体力学和化学理论来模拟我们复杂的气候系统，从而研究其动力学机制的计算机程序。通常使用的30多个气候模式预测表明，随着未来的气候变化，热带气旋（包括加勒比海的飓风）数量将会变少，但是强度会更大。将地球作为一个整体来分析时，不同气候模式得出的结论具有较高的一致性。但对于单个海域的预测，不同模式的结果之间出现了很多差异，这为预测带来了很大的不确定性。对于北大西洋水域来说，不同模式的预测结果之所以存在差异，是因为我们对飓风如何响应地球辐射平衡的了解实在有限。地球辐射平衡是指地球接收来自太阳的能量和它释放及反射回太空的能量之间的差值。在21世纪，人为增强的温室效应是辐射平衡产生变化的主要驱动力，但在过去，这些变化和太阳辐射的自然变化有关。在最近的历史中，最为显著的太阳辐射变化就是蒙德极小期。我们所发现的蒙德极小期的飓风活动减少了75%，现在可以作为检验气候模式是否准确的标准。当后向估计（hindcasting）成为可能时，那些能够模拟出蒙德极小期飓风活动减少这一结果的模式相对而言更加可靠。[1]知道了这一点，我们就能衡量气候模式预测未来的准确性，发展出更可靠的模式。

我们的发现也有助于更好地理解蒙德极小期和它所造成的降温对人类历史的潜在影响。蒙德极小期飓风活动的减少可能通过影响西班牙人在大西洋两岸的贸易而影响了欧洲的历史，从而改变了欧洲经济和政治力量的平衡。格兰特曾在南密西西比大学的一个研讨会上谈起我们的研究，这引起了校内一位同事的关注，后者是研究海盗活动的地理和历史的专家。如果你认为当一个树轮学家很酷，尤其是这份工作还涉及潜水去打捞海底沉船，那么请想一想居然还有人以研究海盗为生。

事实上，飓风较少的蒙德极小期和历史学家提到的"海盗黄金时代"是同一时期：从 1650 年到 1720 年。这一时期是加勒比海地区英法海盗和私掠船最为猖獗的时期，他们在西班牙船只返回欧洲的时候进行袭击。臭名昭著的海盗，例如"黑胡子"爱德华·蒂奇（Edward "Blackbeard" Teach）、"黑萨姆" 贝拉米（"Black Sam" Belamy，被称为海盗中的"罗宾汉"）和安妮·邦尼（Anne Bonny，与玛丽·里德［Mary Read］和"棉布杰克"约翰·拉克姆［John "Calico Jack" Rackham］合作），曾多次抢劫那些满载着黄金、珠宝和糖的西班牙船队。蒙德极小期时，飓风和海难的减少进一步激发了海盗抢劫掠夺的野心。尽管风暴减弱

1　气候模式既可以从现在向未来运行，来预测地球气候会对将来大气温室气体的浓度上升如何响应，也能从过去的某一刻开始运行，例如自公元 1000 年开始，一直运行到现在，也就是模拟过去的气候变化。

使得西班牙船只的海难事件减少，但风平浪静却有利于海盗活动，后者的财富得以积聚。当然，地缘政治学因素，例如欧洲大陆国家之间的关系以及美洲殖民地缺乏政府的有效管辖，同样对17世纪海盗的崛起有重要作用。此外，"黑胡子"和安妮·邦尼的势力之所以发展壮大，也有可能是因为他们造船用的木材足够结实，可以稳稳地在大海上航行。

第十章　幽灵、孤儿和天外来客

　　树轮年代学不仅可以用来研究过去的气候及飓风等极端事件，也可用于研究其他自然灾害。比如，地震会对树木造成伤害并影响其生长。地震发生时，随着地壳板块之间的碰撞、累积能量的释放，沿着板块边界会出现地表的破裂、移位、高度变化和摇晃，导致树木的年轮异常，这种异常可以用于定年和研究过去的地震。地震通常用里氏震级来度量。里氏震级根据地震波的强度对地震的幅度进行分类，但是也可以根据地震造成影响的程度（烈度）来进行划分。修正后的麦加利烈度级别[1]按照从1至8的尺度来衡量地震强度，其中一部分就依赖于地震对树木生长造成干扰程度的判断。如果树木发生轻度摇晃，属于5级地震；若树木强烈摇晃，就是8级地震。这样的摇晃及其造成的破坏会扰乱树木的正常生长，在年轮上留下永久的伤疤。

　　然而，有的地震对树木造成的伤害非常严重，致使树木无法

1　此处是指对1902年提出的原始麦加利震级尺度的修正和改进版。

　　　　　　　　　　　　　　　　年轮里的世界史

继续存活。这种情况通常出现在生长于地震震中的树木上，不过在沿海地区，如果地震造成地面下沉和海水上涌，也会发生这种情况。对于已经处于低洼的滨海区域来说，若是在地震的作用下再下沉几米，这一区域就会被携带沙子和淤泥的海水涌浪淹没。涌浪在前进的过程中会将树木杀死，地震后的10年内，包括草地、灌木和树木在内的原有植被会被沙子和淤泥掩埋。泥沙层通常缺少氧气，枯立木在这种缺氧条件下被保存下来，留下了受地震影响的永久记录。倘若发生大部分树木都被地震破坏的情况，则只有地表下面的根基部分能够被保存下来。但是，一些树种的木材足够耐腐，即便树木死去，它们的地上部分也会在岁月长河中保存下来。例如，沼泽中的北美乔柏（*Thuja plicata*）在地震后依然矗立了数百年。在2015年的一期《纽约客》中，凯瑟琳·舒尔茨（Kathryn Schulz）描述了这片"幽灵森林"："它们没有叶子，没有树枝，只剩下树干，被时间磨洗成光滑的银灰色，好像它们就是自己的墓碑。"[1]

布莱恩·阿特沃特（Brian Atwater）和山口戴维（David Yamaguchi）在美国地质调查局工作期间，在北美太平洋沿岸的华盛顿南部地区对四片"幽灵森林"进行了树轮样本采集，并对当地的北美乔柏枯立木进行了交叉定年。通过将当地现生的北美乔柏宽度年表与"幽灵森林"的宽度年表进行对比，他们发现，

---

1 "The really big one," *New Yorker*, 13 July 2015, https://www.newyorker.com/magazine/2015/07/20/the-really-big-one.

所有"幽灵树"最外层年轮形成的时间均为 1699 年。[1] 阿特沃特和山口发现，在"幽灵树"死亡之前，树木生长没有减缓的迹象，这说明在死亡突然降临之前，它们一直都健康快乐地生长着。很明显这些树并不是逐渐消失的，而是在一场突发事件中被杀死的。这些研究者假设，1699—1700 年的那个冬季发生了一次大地震，导致地面下沉，海水上涌，从而造成了树木的最终死亡。他们的假设被附近生长在较高地方的树木所证实，这些树木虽然在这次地震中活了下来，但是在 1700 年后的 10 年中，这些树的生长都受到了抑制。而对于这次地震的准确日期和震级，一个意外的来源提供了进一步证据。

太平洋西北岸的喀斯喀特山脉覆盖着常绿森林，哥伦比亚河在此处汇入浩瀚的太平洋，当地独特的生物地理特征长久以来启发着诸多的自然科学家、环保人士和作家。然而，18 世纪以前，这里并没有描述喀斯喀特生物群落的文字记录，直到后来早期的欧洲探险家来到这里，情况才发生改观，如 18 世纪 70 年代的詹姆斯·库克（James Cook）和 19 世纪早期的路易斯（Lewis）和克拉克（Clark）。太平洋西北地区的奇努克和萨哈普廷语系中，确实有关于沿海地区被淹没、沉入水底的口头传说。但是，由于没有

1　如果我们想知道一棵树死亡的年份，这棵树的最外层，也就是离树皮最近的一个年轮，必须被保留下来，但是受到侵蚀的"幽灵树"树桩并不适用于这种情况。因此，阿特沃特和山口挖出了"幽灵树"的根，这些树根在沼泽中被掩埋，依然保留着树皮，树皮下的最后一个年轮也得以留存。阿特沃特和山口对这些树根年轮的序列和之前得到的树干的序列进行交叉定年，来确定最后一圈年轮的年份。

文字记录，使得很多这样的故事都在岁月的长河中消失，流传下来的那些也没有提及具体的时间和地点。这意味着"幽灵树"记录的1700年的那场地震比太平洋西北岸最早的文字记录早了近一个世纪。

在太平洋的另一边，5000千米外的日本保存着自公元6世纪以来的文字记录。巧的是，1700年地震发生时，日本处于相对和平的江户幕府时代（1603—1867）中期，这一时期对强悍军人的需求较少，所以一些江户武士剑客受雇成为抄写员。这一时期，文化开始在日本普及，不少商人和农民从事起文字和行政工作。1700年1月27日和28日，一场海啸袭击了日本太平洋沿岸受灾地区的海岸线长度超过965千米，这场灾难被记录在数百份统计海难、洪涝和被淹没农田的文件中。1700年的海啸是日本历史上被记录得最全面的极端灾害之一，但是在日本却没有发现引起这场海啸的任何地震记录。近300年的时间里，1700年那场海啸的起因始终未知。地震历史学家称它为"孤儿海啸"。

1997年，阿特沃特和山口与日本的地震历史学家合作，将日本那场孤儿海啸的起因和1700年的卡斯卡迪亚地震[1]联系起来。研究团队通过计算机模拟发现，幽灵树木年轮中记录的地震所产生的海啸前锋可能需要10个小时到达日本东北部的海岸。据此推算出卡斯卡迪亚地震发生在1700年1月26日傍晚，而且这一定是一场特大地震，至少是里氏9级地震，才能淹没8000千米外的

1　指卡斯卡迪亚（Cascadia）俯冲带上发生的地震，这一俯冲带得名自喀斯喀特山脉（Cascade Mountains），位于太平洋西北地区。——译者注

那么大一片区域。迄今为止，太平洋西北岸的任何地方都还没有发生过这个级别的地震，所以这些发现提示我们，未来该地区存在发生巨大破坏性地震的可能。来自地貌学的数据告诉我们，过去的 3500 年里，北美洲太平洋西北地区平均每 500 年就会发生一场大地震。但是，地震之间的间隔不是恒定的，时间跨度从几百年到 1000 年。现在，该地区发生下一次破坏性地震的必然性已经被接受，但是我们仍然无法预测它将于 1 年后还是 1000 年后发生。我们能做的就是让城市、建筑、社区和居民都做好准备，面临可能会发生的 9 级地震或者大海啸。得益于幽灵森林的树轮年表和 1700 年地震的发现，人们在公共安全方面做出的努力均已就位，包括海啸预警和地震灾害图，这些都有助于减轻下一次灾害带来的影响。

像地震这样的极端事件会抑制树木几年内的生长，产生一系列窄轮。有时，极端事件对树木生长的影响太过突然、破坏性太大，会使得当年形成的年轮核心部分，即木质细胞受到影响。这种影响在树木生长季尤为显著，因为此时是树木产生新木质细胞的活跃期，新的年轮正在形成。这些事件造成的解剖结构异常在树木年轮序列中非常明显，会留下一处永久的标记，就像什么东西在一个特定年份出了大岔子。

1986 年 4 月 26 日，位于乌克兰的切尔诺贝利核电站发生了严重的核泄漏，这次核灾难事件产生的放射性沉降物杀死了方圆 5 千米以内的所有树木，一整片松树林瞬间死亡，并在一夜之间变成锈红色，形成了所谓的"红色森林"。在灾后清理时，"红色森林"被推倒，埋藏在一层厚厚的沙子下，这一区域至今仍是重污染区。距离核电站较远的树木也遭遇了严重的辐射损伤，但是它们被留在原地，为研究辐射对树木的影响提供了样本。来自南卡罗来纳州大学的蒂莫西·穆索（Timothy Mousseau）和他的同事们一直等到2009年，也就是核泄漏事件的23年后，才进入军事控制下的切尔诺贝利禁区，在这片半径为30千米的无人区采集研究用的树盘。虽然过去了23年，但在这个污染最严重的地方，他们依然要穿着防辐射服才能采样。他们对100多棵欧洲赤松采集了树盘，在采集的所有树木样本中，他们都发现了高浓度的放射性核素。生长在这个区域的树木通过它们的根吸收了高剂量的放射性核素，并在生长过程中将这些核素合成到木材中。穆索和他的团队研究发现，距离反应堆越近的树木，含有的放射性核素浓度越高。清理这些有辐射的森林非常危险而且代价很高，目前还难以实现。但若这些松树死于野火、干旱或者虫害的话，这些放射性核素就会被释放到空气中，在整个欧亚大陆，这些放射性粒子将被传播得很远。目前，发生这种情况的风险已被降低，因为每年夏季，乌克兰的消防员们都会从位于切尔诺贝利地区那些高高的锈迹斑斑的瞭望塔上监测整个区域的野火。

此外，穆索的团队发现，放射性沉降物导致1986年以后树木的生长受到了严重的抑制。1987—1989年，年轮受到的抑制最强，这种效应持续了20年之久。同时他们发现，1986年树木的木材组织发生了异常（图13）。正常的松树木材中，细胞是呈直线水平排列的，一行行完整的细胞垂直于树轮的边界。然而，1986年切尔诺贝利的松树年轮中，有一些细胞发生了交叉合并，其他细

辐射伤害

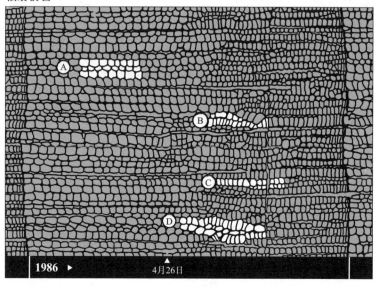

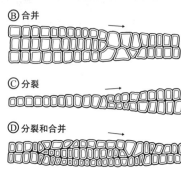

图 13　1986 年 4 月末切尔诺贝利核电站的核泄漏对当地生长的松树造成了严重的放射性损伤。正常的松树木材细胞是呈直线水平排列的，一行行完整的细胞垂直于树轮的边界（A）。1986 年切尔诺贝利的松树年轮中，一些细胞合并（B），还有些细胞分裂成多行（C），或者细胞先分裂，之后再合并（D）。

胞则分裂成很多行。但是，也有一些细胞是先分裂然后再交叉合并的。所有这些异常都表明放射性辐射对树木形成层造成了伤害。距离核电站和核事故地点越近的树木，发生这些异常的概率越高。

在西伯利亚东部的通古斯（Tunguska）附近，树轮学家发现1908年的树木也表现出了相似的生长抑制和解剖结构的异常。当年6月30日，大约早上7点，一颗流星进入地球平流层，在距离通古斯9.6千米的上空发生解体。这颗流星没有撞击地球的表面，没有留下陨石坑，但是它进入地球的大气层后发生了爆炸，产生的冲击波相当于里氏5.0级的地震——如果当时有里氏震级存在的话。可以查到的目击记录表明，住得较近的通古斯当地居民和俄罗斯移民看到一个火球在天空移动，像大炮开火时那样轰隆作响，当它降落时整个大地都在震动。根据1908年7月2日《西伯利亚报》（Sibir）的报道："在卡列林斯基村北边，农民们在西北方向的地平线上看到了一个异常明亮的蓝白色天体，它大约下降了10分钟。随着它越来越靠近地面，这个明亮的天体渐渐模糊起来，变成巨大的黑色浓烟，然后震耳欲聋的撞击声传来，好像是大石头掉落，或者是在发射炮弹。所有的建筑都在摇晃。与此同时，云层中开始喷出形态各异的火焰。所有村民都惊慌失措，走上街头，女人们放声大哭，以为这是世界末日。"

幸运的是，通古斯是个荒无人烟的地方，实际上并没有人住得那么近，能看清楚当时的情况，而且也没有人员伤亡。直到事件发生的20年后，也就是1927年，才有第一批探险队到达这里来考察这一事件。探险者们没有发现陨石坑，不过他们的确发现了一个直径 8 千米的爆心投影点（ground zero）[1]，那里所有的树虽然保持直立，但是都死了，被烧焦了，没有树枝。中心区域以外的树木被部分烧焦，并倒向远离震中的方向。后来的航拍照片进一步揭示了这一事件的影响：爆炸摧毁了约 2000 平方千米的西伯利亚泰加林[2]，大概 8000 万棵树被连根拔起，形成巨大的蝴蝶图案。[3]

通古斯地区几乎没有树木在这场爆炸中幸存，但是那些活下来的树在 1908 年形成的年轮上，的确携带了有关这次事件的记忆。1990 年，来自克拉斯诺亚尔斯克市苏卡乔夫森林研究所的俄罗斯树轮学家叶夫根尼·瓦加诺夫（Evgenii Vaganov）在通古斯爆炸中心半径 5—6 千米的范围内，采集了在这场爆炸中幸存的 12 棵树木样本。瓦加诺夫想要知道爆炸对树木的各种影响，比如烧焦、落叶、摇晃是否会影响树木木材细胞的形成。他发现这些过程对通古斯地区树木的影响和蒂莫西·穆索发现的切尔诺贝利核事故对树木的影响相类似：大爆炸后 4—5 年内树木的生长受到抑制，且 1908 年的年轮木材细胞严重异常。但这里的异常和切尔诺贝利放射性辐射引起的异常有些不同。1908 年，通古斯的落叶松、云杉和松树形成的是浅色年轮（light rings），这种年轮晚材细胞的直径比正常的小，细胞壁也没有增厚。这些树在 1908 年形成的晚材细胞个数也比其他年份少，而且细胞壁薄，造成 1908 年的

1　指位于爆炸正下方的地球表面区域。

2　泰加林（Taiga）又称寒温带针叶林或北方针叶林，指分布在北极冻原以南以针叶林为主的森林。——译者注

3　"蝴蝶"的翼展为 70 千米，体长为 55 千米。

年轮里的世界史

年轮看起来异常惨白。这种浅色的树轮可能是由于爆炸冲击波将树叶剥落造成的。生长季中期的大规模落叶会阻止树木对形成层生长激素的供应。一旦没有了激素驱动形成层形成新的细胞，当树木用完了已有的能量和激素后，那些在大规模落叶之前就开始形成的木材细胞甚至可能停止生长。

并非只有像核电站的核泄漏或者流星爆炸那样严重的事件，才会在树木年轮的木材细胞中留下一个永久的标志。极端天气事件，比如洪涝或者霜冻，也能引起年轮的异常。"洪涝年轮"通常出现在河边生长的树木中，生长在这里的树可能会被春季或夏季的洪水淹没。洪水严重时，这种淹没会持续很长时间，导致树木的根和树干处于缺氧的环境。在河边生长的树木由此发生生长激素失衡，造成水淹期间形成的年轮中木材细胞结构异常。例如，对于栎树这样的阔叶树来说，木材中有种特殊的导水细胞，即早材导管，这种导管在洪涝年份的年轮中比正常年轮的要小。亚拉巴马大学的马特·赛瑞尔（Matt Therrell）和艾玛·比亚来齐（Emma Bialecki）在密苏里州东南角一片湿润的低地森林采集栎树样本，通过分析这些栎树的年轮结构，重建了密西西比河1770年以来的洪涝事件，获得了器测的密西西比河记录中所没有的17场春季洪涝事件。他们的研究显示，20世纪的工程改造（例如1927年大洪水后的水渠建设）反而增加了当前密西西比河水系在面临特大洪涝时的风险。刻意地去驯服河流和限制其流动空间的工程只会让洪涝变得更糟。相似的警示可以追溯到19世纪50年代，那时一些本来是控制洪水的举措，实际上却增加了洪涝的风险。然而，即使树木年轮在这方面已经给出了足够清楚的证据，迄今为止仍然没有任何政策上的改变。

在树木的生长季，木材细胞正在形成，细胞壁也在增厚，如果发生温度降到零度以下的情况，就会出现霜冻，导致年轮结构异常。霜冻带来的脱水效应会严重损伤形成层，形成不规则形状的木材细胞。在霜冻事件发生前后整齐排列的细胞之间，可以看到一连串畸形的木材细胞（图14），这就是霜冻年份的年轮。这种畸形细胞可能会出现在早材中（由晚春的霜冻引起），也会发生在晚材中（由早秋的霜冻引起）。

树轮学家已经发现，有时候冬季来临过早或持续时间过长与霜冻并没有关系。亚利桑那大学树轮实验室的瓦尔·拉马尔奇（Val Lamarche）和凯蒂·赫施博克（Katie Hirschboeck）在20世纪80年代首次发现，霜冻年轮和过去的火山喷发之间竟然存在意想不到的联系。他们发现4000岁树龄的长寿松形成霜冻年轮的年份与加利福尼亚州和科罗拉多州树木中霜冻年轮出现的年份具有一致性，例如这些树木在1817年、1912年和1965年的夏季都形成了霜冻年轮。长寿松生长的地方与其他含霜冻年轮树木生长的地方相隔超过1300千米。这些霜冻的年份唤起了拉马尔奇和赫施博克的某些模糊记忆，其中的大部分都和一些著名的火山爆发年份很接近。例如，1817年的霜冻紧跟着1815年发生在印度尼西亚的坦博拉火山爆发，1912年的霜冻则对应于1912年发生在阿拉斯加的卡特迈火山爆发事件，1965年的霜冻则发生在1963年巴厘岛阿贡火山爆发

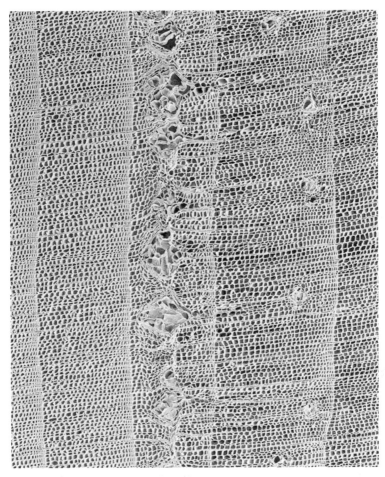

图 14　西伯利亚五针松（*Pinus sibirica*）在 534—539 年的树轮变化，其中包含了 536 年的一个霜冻年轮。537 年的窄轮也代表了异常冷的天气。536 年的火山喷发造成的冷夏开启了晚古小冰期。迪伊·布雷杰（Dee Breger）摄。

之后。火山爆发事件之后的两到三年，全球通常会发生大范围的变冷，由此可以解释这种不合时令但在多地同时出现的霜冻年轮。

从拉马尔奇和赫施博克的开创性工作开始，30年来我们已经了解了很多关于树木年轮和火山爆发之间的关系。现在我们知道，火山爆发后的降温在一些树木中不仅会以霜冻年轮的方式被记录下来，在大部分对温度比较敏感的树木中也会以一个窄年轮的方式得以记录。强烈的火山爆发会在平流层中产生气溶胶层，这将使地球表面大部分地区在此后两年多的时间内降温。尤其是热带地区的火山爆发，会导致全世界大范围内的温度降低，降温会被对温度敏感的树木记录下来。当我们要对半球或全球尺度的温度进行重建时，比如此前提到的"曲棍球杆"或"一盘意大利面"曲线，就要对来自很多地点的这类对温度敏感的大量树轮序列取平均值。发生大范围升温或降温的年份在这类重建中很突出，因为大部分树轮序列中都有这些年份。在曲棍球杆曲线中，20世纪90年代的变暖就很突出（即"曲棍球杆"的刃），因为大部分树轮序列都记录了这10年间史无前例的变暖。与之相反的是，玛丽·雪莱在她的小说《弗兰肯斯坦》中提到的"无夏之年"，即1815年坦博拉火山爆发后的那年，由于很多树木在那一年都形成了一个非常窄的年轮，所以在由树木年轮重建的温度序列中，这一年就是相当突出的寒冷年份。

因此，树木年轮的温度重建序列可以用来研究过去火山爆发对气候变化的影响，并将这些影响量化。但是，为了准确地建立过去的气候变冷和火山事件之间的联系，我们也需要其他有精确定年的火山爆发记录。取自格陵兰和南极的冰芯蕴含着火山爆发的信息。强烈火山活动释放的硫酸盐气溶胶会以硫酸盐（SO_4^{2-}）的形式沉降在这些冰原的雪层和冰层上，之后硫酸盐会被保存在冰芯中，我们就可以通过获得冰芯中硫酸盐峰值出现的年代来确定火山爆发的年代。

但是，只有在这两个记录都有绝对可靠的年代的情况下，我们才能将树木年轮中的寒冷事件与冰芯中的火山事件进行对比。交叉定年方法能够保证树木年轮序列定年结果的绝对准确和可靠，但是冰芯记录容易存在定年误差。来自内华达州里诺市沙漠研究所的迈克尔·西格（Michael Sigl）、乔·麦康奈尔（Joe McConnell）和他们的团队，将南极和格陵兰5支冰芯记录的硫酸盐峰值与通过树木年轮重建的北半球温度序列[1]中的寒冷年份进行对比后发现，1250年以后的冰芯记录和树轮记录对应得比较好。在冰芯记录中每次强烈火山爆发后的1年或2年，树轮记录中就会出现很明显的寒冷年份。例如，1257年印度尼西亚萨马拉斯的火山爆发是最早能够与树木狭窄年轮和寒冷年份相匹配的火山事件，对应于1258年树轮的情形。但在1250年之前，树轮记录中的寒冷事件并非发生在冰芯记录中的火山事件的1年或2年后，而是7年后（图15）。由于树轮数据是交叉定年得到的，所以这7年的年份差不可能是树轮记录造成的。这表明，冰芯记录古老的部分存在定年误差。

1　他们使用了来自欧洲中部、斯堪的纳维亚半岛、西伯利亚和美国西部的5条温度重建序列。

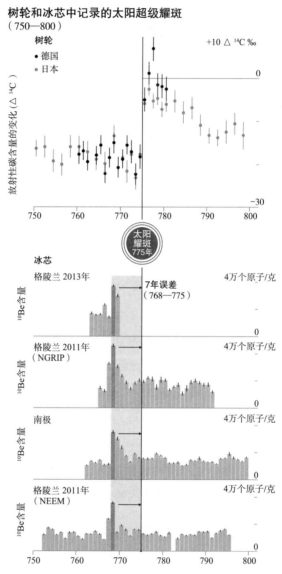

图 15　全球的树木年轮在 775 年出现放射性碳峰值，从而记录下了 774—775 年的太阳耀斑事件。在冰芯中，这次事件被铍-10 的峰值所记录。但是，冰芯记录中铍-10 峰值出现在 768 年的冰芯年层中，与准确定年的树轮记录对比结果表明，冰芯记录在 1250 年之前的部分存在 7 年的定年误差。

2012 年，来自名古屋大学太阳地球环境研究所的三宅芙沙（Fusa Miyake）和她的同事们发现树轮中放射性碳（^{14}C）含量在775 年有一个峰值，这个发现解开了1250 年之前冰芯和树轮记录的 7 年差异之谜。在她们的研究发表之前，树轮放射性碳测量的分辨率低于 10 年，主要用于建立国际放射性碳同位素校准曲线。结合该曲线和样本中放射性碳的含量，就可以确定样本的绝对年龄。多年平均的放射性碳虽然也可以用来测年，但是会掩盖单个年份树轮放射性碳含量的峰值。

为了研究放射性碳的年际变化及驱动机制，三宅和她的团队测量了两棵日本柳杉（*Cryptomeria japonica*）的放射性碳含量。他们测量了每一个年轮中的放射性碳含量，而不是将 10 个年轮合在一起测一个值。他们发现，这两棵树 775 年的年轮中的放射性碳含量比长期放射性碳平均值高出 20 倍。此后，在来自德国、俄罗斯、北美和新西兰的树中也发现了 775 年的放射性碳峰值。是什么原因导致 775 年树轮放射性碳发生了如此突然而剧烈的变化呢? 答案是太阳超级耀斑事件[1]。太阳超级耀斑事件发生期间，太阳向地球发射大量辐射，当它们到达地球大气层时，会产生大量的宇生核素，例如放射性碳。这些放射性碳通过光合作用被树木吸收，形成年轮的放射性碳峰值。根据 775 年树轮中的放射性碳计算，只有发生超强的太阳超级耀斑事件才能使当年的大气^{14}C 发生如此剧烈的变化，而且这次超级耀斑事件的强度比之前

---

1 也被称作太阳质子事件（solar proton event, SPE）。

仪器观测到的同类现象高出 40 到 50 倍。结合 774 年和 775 年的树木年轮放射性碳含量判断，超级耀斑可能发生在 774 年，其导致的放射性碳峰值被记录到 775 年生长的树木年轮中。另一个相似但是强度稍弱的耀斑事件使得 994 年的树木年轮中出现了第二个放射性碳峰值。

太阳持续产生的辐射形成了地球大气层中的宇生核素。但是，极强的太阳耀斑事件是罕见的，像树木年轮在 775 年和 994 年所记录的那么高的放射性碳峰值更是罕见。据估计，774 年的那次超级耀斑是过去 11 000 年中最强的一次。《盎格鲁－撒克逊编年史》[1] 在 8 世纪的部分曾这样记述 774 年的太阳超级耀斑事件："公元 774 年……日落后，天空中出现了一个红色的十字架；麦西亚人和肯特人在奥特福德打仗；南撒克逊的土地上冒出许多奇特的大蛇。"红色的十字形极光和奇特的大蛇使得这部特别的编年史看起来有些迷幻色彩，不过这样巨大而罕见的太阳风暴的确会影响地球的臭氧层，破坏地磁场，严重干扰我们的技术和远程通信系统。幸好这样的事件很少发生。

除了放射性碳之外，大气中的铍-10 也是由太阳放出的宇宙射线撞击大气层形成的。放射性碳一般不会保存在冰芯中，[2] 但大气中的铍-10 能够沉降并保存在格陵兰和南极的冰芯中。冰芯中的硫酸盐峰值可以用来指示火山活动，铍-10 峰值可以用来指示太

1　这是一部记载公元前 60 年到公元 1116 年英国历史的编年史。

2　因为冰和树木不同，不能进行光合作用。

阳活动。太阳超级耀斑事件（例如 774—775 年和 994 年的超级
耀斑事件）造成冰芯中铍-10 和树轮中放射性碳含量急剧增加，
使得冰芯的年龄和树轮的年龄能够对应起来。

　　当迈克尔·西格和他的同事们测量了格陵兰和南极冰芯的
铍-10 含量后，他们发现铍-10 的峰值出现在 768 年和 987 年。这
两个峰值正好位于树轮放射性碳峰值（775 年和 994 年）的 7 年
前，这说明冰芯记录早期部分的年代存在 7 年的偏移（图 15）。这
一结果解释了冰芯记录中的早期火山爆发和树木年轮记录中的寒
冷年份之间存在的 7 年误差。的确，当迈克尔和他的团队将冰芯
序列 1257 年之前的部分整体向现今移动 7 年后，冰芯和树轮的数
据突然就完全对应起来了。树轮在公元前 500 年到公元 1000 年之
间所记录到的 17 个极端寒冷年份中的 15 个，都发生在冰芯火山
硫酸盐峰值之后的 1 到 2 年。正如乔·麦康奈尔在接受《洛杉矶
时报》采访时所说的那样："在这项工作发表之前，树木年轮和冰
芯记录在 1257 年之前无法对应。而利用新的定年结果，它们对应
得非常好。我们可以看着树木年轮，然后指出：'这些寒冷年份和
这些火山爆发事件有关。'"[1]

　　为什么像《洛杉矶时报》这样的主流媒体会有兴趣采访乔
呢？因为这项发现对探索气候和文明之间的关系很重要。现在，
我们可以准确地追溯过去 2500 年间发生的火山爆发事件，并

1　Eryn Brown, "Ice cores yield history of volcanic eruptions, climate
effects," *Los Angeles Times*, 10 July 2015, http://www.latimes.com/science/
sciencenow/la-sci-sn-volcanoes-climate-history-20150710-story.html.

且研究这些事件对气候和人类历史的影响。火山喷发不仅会降低地球表面的温度，也能影响区域的水文气候。例如，尼罗河的泛滥就和火山活动有关。自法老时代起，大量历史记录描述了每年夏天尼罗河的河水漫过河岸、淹没附近平原的情形。当洪水在早秋退去时，会留下肥沃的黑色淤泥，这些黑色淤泥有利于农业发展，养活了干旱环境中的埃及人。埃及人使用水位计（nilometer）来记录他们母亲河的涨落。开罗中部的罗达岛（Rhoda Island）就有一个水位计，它是一个垂直的圆柱，没入河中，柱体上每隔一段距离有一个标志来指示河水的深度。罗达岛的水位计测量自公元 600 年阿拉伯人入侵时就开始了，直到 1902 年第一座阿斯旺大坝[1]建成后，这些水位计才被淘汰。因此，开罗的水位计为我们提供了现存于世最长的、近乎连续的水文气候记录之一。耶鲁大学的历史学家乔·曼宁（Joe Manning）与迈克尔·西格等人合作，将水位计的记录和现今经过准确定年的冰芯中的火山记录进行比较，他发现当火山剧烈爆发时，尼罗河夏季的水位平均比其他年份低 23 厘米左右。尼罗河对农业生产至关重要，这样低的水位通常意味着饥荒。

研究人员进一步比较了埃及托勒密王朝的火山活动和尼罗河枯水期的关系。托勒密王朝（前 305—前 30）是公元前 323 年亚历山大大帝死后，由一个希腊王室建立的。希腊统治者需要经常镇压埃及原住民的叛乱。曼宁将记录于莎草纸和碑文的叛乱开始

1　这些大坝减少甚至消除了尼罗河每年的泛滥。

时间和冰芯所记录的火山爆发事件进行比较后发现，大多数叛乱发生在火山爆发的当年或者下一年。这表明在古埃及这样的农业社会，火山爆发引起的尼罗河枯水可能催生了当地的叛乱。例如，公元前 209 年，冰岛发生火山爆发，[1] 两年后，埃及就开始了持续 20 年的底比斯叛乱。

叛乱造成国内的不稳定局面日益严重，这可能削弱了托勒密统治者和周围邻邦的冲突，军队被召回埃及镇压国内的动乱。从军事活动到赈灾工作，王朝的财政收入被重新分配，用来处理尼罗河枯水所造成的社会动荡。除了叛乱开始时间与火山爆发之间的联系，曼宁和他的团队还发现，相比其他年份，战争结束的时间也更多地和火山爆发的年份相对应。此外，祭司律法也常在火山爆发的年份颁布，例如颁布于公元前 196 年，用三种语言刻在古埃及孟斐斯市（Memphis）罗塞塔石碑上的诏令。上述事件的可能联系是，颁布这些法令的目的之一就是以神权加强国家的统治，从而应对气候灾害导致的社会动荡。

所有这些结果都表明，火山活动引发的尼罗河夏季水量减少可能诱发了国内叛乱，减少了对外战争，潜在地导致了托勒密王朝的衰落。托勒密王朝的终结通常被归因于最后一任统治者克利奥帕特拉七世在罗马之战败北后，于公元前 30 年的自杀身亡。但值得注意的是，在此前的十余年间，两场火山爆发导致尼罗河枯水

---

1 这场火山爆发在中国也引起了饥荒。参见 K. D. Pang, "The legacies of eruption: Matching traces of ancient volcanism with chronicles of cold and famine," *The Sciences* 31, no. 1（1991），30‑35。

反复发生，引起了包括饥荒、瘟疫、腐败和移民在内的社会大动荡。不过，当我们考虑气候变化、地质现象（例如火山喷发）等对社会衰落的影响时，最好在人口、社会经济和政治变化的大背景下进行仔细讨论。人类和导致社会崩溃的环境变化之间的相互作用是错综复杂的。在托勒密王朝灭亡的几个世纪后，罗马帝国开始了它的漫长统治。而当罗马帝国陨落时，其社会生态网络的复杂性是史上极其罕见的。

第十一章　罗马帝国的衰落

我在学校学过拉丁文。六年无休止的拉丁文学习一共只教给我两件事：一件是尤利乌斯·恺撒认为比利时人是高卢人中最勇敢的，另一件就是公元前49年他破釜沉舟，跨过了卢比孔河。我的老师可以证明，我从来不是一个痴迷于拉丁文的学生，我也不打算将关于罗马帝国的任何事情纳入未来的研究生涯中。作为树轮学家，我的事业看起来离恺撒相当遥远，然而我本应该知道：条条大路通罗马！

在瑞士联邦森林、雪和景观研究所时，有段时间我的工作是从考古的木材中提取可以追溯到罗马时代的气候信息，我对永恒之城的拜访也始于此。我们使用了8500多份样本，其中包括亚化石木材、来自历史建筑和罗马水井的木材以及活着的栎树和松树。据此，我们团队建立了中欧地区过去2400多年来（前405—2008）降水和温度的变化序列。[1]当我们将考古木材的采伐日期进行整理

1　为了重建中欧降水变化，我们使用了来自德国和法国东北部低洼地区的栎树样本，在这些地区水分利用是树木生长的主要限制因子。为了重建夏季温度，我们使用了来自奥地利阿尔卑斯山的松树样本，相比水分利用，这一区域的树木对温度变化更敏感。

后，发现树木被砍伐的数量在一个时期内（前300—200，见图7）明显增多，表明该时期建筑活动的增加。这个时期正对应于罗马气候适宜期，此时罗马的农耕经济繁荣，人口迅速发展，在整个欧洲气候普遍比较适宜的背景下，罗马帝国达到了它的鼎盛时代。

然而，罗马气候适宜期的温暖湿润气候以及稳定的气候状态在公元250年结束了，紧接着就是一段长时间的气候多变期。

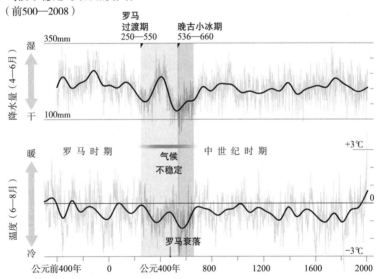

气候不稳定对欧洲的影响
（前500—2008）

图16　自公元250年左右开始，罗马帝国经历了持续的干湿交替变化，并伴随着寒冷的夏季。罗马过渡期的气候不稳定状态持续了300年，其间发生了改变欧洲的两个重要事件：西罗马帝国的瓦解和民族大迁徙。民族大迁徙期间，日耳曼部落和匈奴人入侵罗马帝国，最终导致了罗马帝国的覆灭。

寒冷的夏季伴随着干湿的交替变化持续发生，在公元550年迎来了夏季气温的最低值（图16）。气候异常不稳定的这300年和罗马帝国的重要过渡期恰好一致。由于帝国过度扩张，公元285年罗马帝国分裂为东西两个部分，帝国由此被分散，凝聚力也在很大程度上被瓦解。约200年后，日耳曼国王奥多亚克（Odoacer）入侵罗马，废黜了最后一位西罗马皇帝罗慕路斯·奥古斯都（Romulus Augustus），西罗马帝国就此覆灭。

这300年间，罗马帝国从一个包含众多区域、具有多元文化、社会政治结构复杂、地区文化多元的国家转变成了一个仅剩残余势力的政权，最终在它的首都被攻陷后彻底覆灭。多亏了罗马人对写作的热情，罗马帝国衰落的时间线被记述并保存下来。但是对于罗马帝国解体的原因，历史学家和考古学家一直争论不休。对于内部因素（如腐败加剧和内战）与外部因素（如蛮族入侵和流行病）的相对作用，学者们没有达成共识。我们的气候重建显示，罗马过渡期欧洲气候极度不稳定，这增加了气候在罗马帝国的瓦解中起重要作用的可能性。

研究气候变化和人类历史之间的潜在联系时，需要谨记的最重要原则就是，存在相关关系并不意味着存在因果关系。为了解释气候不稳定在罗马帝国衰落中所发挥的作用，我们需要提出符合实际的联系。这个联系会让不稳定的气候与政治驱动力和社会脆弱性相互作用，扰乱罗马的社会秩序，同时创造一种协同效应，导致现有社会政治体系不可避免地发生崩溃。

三个潜在联系的第一个，可能也是最直观的一个，就是水文气候的年代际波动和罗马过渡期的寒冷气候对农业生产是不利的。罗马帝国横跨三大洲（欧洲、非洲北部、亚洲西南部），包含多个气候系统，因而具有一定的应对恶劣天气的能力。地理上的差异为偶尔出现的局部不稳定提供了缓冲，但是还不足以胜任减弱罗马帝国过渡期的大尺度气候波动的任务。当大范围的夏季降温导致生长季缩短，欧洲的庄稼收成减少时，干旱也减少了罗马在非洲北部的粮食产量。根据莎草纸上记录的数据，在罗马气候适宜期，尼罗河平均5年发生一次洪水泛滥，但在罗马帝国过渡期，对农业生产有利的尼罗河洪水发生的频率还不到10年一次。气候的这种年代际波动对农业社会的影响是灾难性的，因为它很难用社会或技术创新来应对，即使在罗马人建立的复杂社会中也是如此。更频繁的气候年际波动带来的影响可以通过积累和发放粮食储备来缓解。然而个人或社会能储存的粮食是有限的。一旦干旱期超过5年甚至10年，粮食生产和整个社会的情况就会变得很糟。

在促进和加剧气候扰动对农业（罗马经济的"引擎"）的影响方面，罗马社会结构所起的作用无论怎样强调都不为过。罗马这个拥有百万人口的大都市依赖的仅仅是规模相对较小的农业，众多城市居民和庞大的军队都要靠农业来养活。直到它衰落的时候，为罗马政府部门工作的有35 000多人，军队人数则超过了50万。整个帝国由1000多个城市组成，所有人的粮食都依靠城市周围的农田来供给。荒年农业生产力低的时候，农村地区会遭受更多的食物短缺和饥饿之苦，这对农民造成严重影响，导致生产力进一步下降。更糟的是，晚期的罗马社会不仅头重脚轻，而且统治阶级自我放纵。[1]罗马的统治阶级喜欢葡萄酒和橄榄，所以最肥沃和最高产的农田被用来种植这些有利可图的作物。主食作物，例如小麦和大麦，则被挤到贫瘠的土地上。贫瘠的农田生产力较低，对气候变化更敏感，带来了更大的风险。罗马帝国过渡期的动荡气候更多地影响到贫瘠农田上的主食作物，使其产量大幅下降，削弱了罗马农业经济的承载能力。

　　气候不稳定与罗马瓦解之间的第二个潜在联系是民族大迁徙。这一时期是从公元 250 年到 410 年，日耳曼部落（例如撒克逊人、法兰克人和西哥特人）就是在这时来到了罗马帝国。公元 410 年，他们入侵了罗马城。蛮族向西迁徙到罗马帝国，因为他们正在逃避匈奴人，而匈奴人正在从中亚向西迁徙。一个理论推测，游牧的匈奴人向西迁徙可能是由于他们原来生存的地方发生了旱灾，打乱了游牧经济的节奏。为了分析这个理论的可信度，我在亚利桑那大学树轮实验室的同事保罗·谢泼德（Paul Sheppard）和他的合作者们使用中国青藏高原地区对干旱变化敏感的祁连圆柏（*Sabina przewalskii*），建立了一条 2500 多年的树轮年表。为了获得这样一条格外长的树轮序列，他们在有着 800 年树龄的现生圆柏和历史建筑的木材上进行取样。随后，通过在地下墓室中发现的木制棺材上取样，他们将树轮年表的时间延伸到了 7 至 9 世纪。取样自青藏高原的树轮年表揭示，4 世纪中亚发生了严重的干旱，可能导致游牧的匈奴人非常迫切地向西和向南寻找更适宜生存的

1　与当代社会的相似之处并不完全是巧合。

牧场。为此，匈奴人入侵蛮族的领地，接下来就是我们都知道的历史了。

2011年1月初，我踏上了自己的迁徙之路，从瑞士搬到了亚利桑那的图森。就在我离开之前，《科学》杂志已经接收并准备发表我们有关罗马过渡期动荡气候的研究进展。当时我正忙于搬家，并没有密切关注文章的发表过程，但是我在亚利桑那大学的新雇主和校方新闻办公室一直在追踪相关消息。抵达图森的第一周，我开车去镇上开设银行账户，同时购买手机等必需品。其间我不停地接到新闻办公室的电话。他们的专业水准和坚持不懈，让我们赶在1月12日文章发表的当天及时发布了一篇新闻稿。

就在那个月，加比·吉福兹（Gabby Giffords）中枪了。在一个阳光灿烂的周六早上，也是我搬到亚利桑那的第6天、文章发表的4天前，亚利桑那州众议员加比·吉福兹在图森西北部的一家杂货店与选民会面，一个男人冲进来向吉福兹开了枪。然后他调转枪头向人群射击，又射中了19个人。吉福兹幸运地活了下来，但是有6个人死了。在大庭广众之下对美国众议员的暗杀活动，是对社区枪支法赤裸裸的挑衅。我意识到自己已经不在瑞士。接下来的一周，枪击案成了美国所有新闻媒体的头条，这让我明白，在更令人震惊或紧急的新闻事件面前，即使是最激动人心的科学故事有时也必须先放一放。

我在图森开始了新的工作。不久之后，亚利桑那著名的古典文学教授和考古学家戴维·索伦（David Soren）找到了我。尽管缺乏广泛的宣传，他还是读到了我们的文章。他向我指出了罗马帝国瓦解和气候变化之间的第三个潜在联系：流行性疾病。索伦博士给了我一本他写的名为《疟疾、巫术、婴儿墓地和罗马帝国的衰落》的小册子。我们就双方研究结果之间的关联进行了愉快的讨论。此前我曾因为不喜欢蝎子乐队而拒绝用他们的歌名作为论文标题，不过从这次讨论之后，我也开始努力为自己的文章起一个引人注意的题目。

20世纪80年代末，索伦开始主持对卢尼亚诺（Lugnano）附近一栋罗马别墅的考古发掘工作。这栋别墅位于翁布里亚（Umbria）附近，在公元3世纪被毁。5世纪中期被重新当作婴儿墓地使用。DNA分析显示墓中有47名未满3岁的婴幼儿，他们都是疟疾流行病的受害者。随后的发掘揭示了巫术的迹象：被砍下头的幼犬、乌鸦的爪子和蟾蜍。这些令人毛骨悚然的物品表明，5世纪卢尼亚诺的罗马人曾使用巫术来驱除疟疾恶魔，即使罗马帝国当时名义上是基督教国家。当一具可能是感染疟疾而亡的10岁孩童遗骸出土后，更多使用巫术的证据被发现了。作为葬礼仪式的一部分，一块石头被放在这个孩子的嘴里，来防止尸体复活，向活着的人传播疟疾，现在这样的做法被称为"吸血鬼葬礼"。

疟疾得名于意大利语"mala aria"，意思是"不好的空气"，这源自罗马人对该疾病的认知，即疟疾是由来自沼泽和湿地的刺鼻空气造成的。在罗马时代，这种致命的疾病在地中海地区很普遍。疟疾在庄稼收获的时候最为流行，在夏末和早秋，得了疟疾的农民不得不躺在床上，无法干农活。毫无疑问这会影响农业生产力和粮食产量。罗马过渡期的气候变化是否放大了疟疾对罗马衰落的影响呢？极有可能。3 至 6 世纪多次年代际尺度的干湿交替变化，加上大规模的森林砍伐，为更多沼泽环境的形成创造了最佳的条件，从而为疟疾的传播媒介——蚊子——提供了更多的繁殖场所，更多农民被感染，城里人的粮食也就更少了。

罗马帝国过渡期时，欧洲各地的夏季普遍较冷。但是在公元 476 年西罗马帝国衰落的两个世纪后，温度又进一步呈现螺旋式下降。公元 536 到 660 年的晚古小冰期是一个显著的寒冷期，笼罩了整个欧洲大陆。我们在奥地利阿尔卑斯山 2500 年的温度重建曲线中捕捉到了晚古小冰期这 100 年的寒冷，向东 7500 千米以外、几乎同样长度（前 359—2011）、俄罗斯中南部阿尔泰山的夏季温度重建也同样发现了这一寒冷期。晚古小冰期是在 536 年的一声巨响中开始的，这一年非常冷，以至于爱尔兰编年史中写着"缺乏面包"。以弗所的约翰（John of Ephesus）是当时美索不达米亚的一位作家，他发现"所有的葡萄酒尝起来都有一种坏葡萄的味道"[1]。很长时间内，引发公元 536 年极端寒冷天气的原因都是科学界激烈讨论的话题。当年仅存的少量文字记录语意模糊，产生了很多可能的解释，包括火山、星际云、小行星或彗星撞击。比如以弗所的约翰写道："太阳变黑，它的黑暗持续了 18 个月。每天太阳只发光 4 个小时，不过这些光也只是微弱的阴影，每个人都说

1　Pseudo-Dionysius of Tel-Mahre, Chronicle, 65.

太阳再也不会恢复原来的光芒了。"拜占庭历史学家普罗科皮乌斯（Procopius）曾记载："太阳发出没有亮度的光芒……看起来非常像日食，因为光线并不清晰。"[1]

当迈克尔·西格和他的同事们使用 775 年的放射性碳峰值来对照冰芯记录中的火山事件和树轮记录中的寒冷年份时，536 年急剧的降温之谜被解开了。去除了冰芯和树轮记录之间的 7 年差异后，很明显，536 年的火山事件是短时间内发生的一系列火山爆发事件的开端。这一系列事件包含连续发生的两次大型火山爆发和一次小型火山爆发，触发了长达 10 年的寒冷夏季，由此引发了晚古小冰期。阿尔卑斯和阿尔泰的树轮记录显示，5 世纪 40 年代这两地的夏季温度比整个欧亚大陆的平均值还要低 3.4 至 5.8 华氏度（约合 1.9 至 3.2 摄氏度）。[2]

公元 536 年的火山喷发极有可能是一次发生在北半球高纬度地区的火山事件，但准确地理位置还不清楚。4 年后的公元 540 年，热带地区发生了大规模的火山喷发——可能是位于今天萨尔瓦多的伊洛潘戈火山——规模甚至比导致 1816 年"无夏之年"的坦博拉火山喷发还要大。我们能知道这些是因为这次火山事件分别被记录在来自两个半球（格陵兰和南极）的冰芯中，同时也被记录在古老长寿松的霜冻年轮和多个国家地区（俄罗斯、阿根廷、爱尔兰和欧洲其他几个国家）树木的窄年轮里。公元 536 年

1 Procopius, *History of the wars*, trans. H. B. Dewing（Cambridge, MA: Harvard University Press, 1916）, 4.14.5.
2 温度差值是以 1961—1990 年的数据为参考时期计算得出。

和540年的火山喷发致使一层厚厚的火山灰悬浮在空中，遮挡了太阳，导致地球表面降温，阻碍了植物的光合作用，威胁了粮食安全。芬兰北部亚化石木材的稳定碳同位素测量支持了那个时代作家的记录。反映太阳辐射变化的树轮碳同位素显示，公元536年和540年太阳辐照度急剧下降。通过比较发现，公元547年的火山喷发规模虽然较小，但是影响很大，这三次火山爆发直接拉开了晚古小冰期降温的序幕。

火山爆发三重奏导致了晚古小冰期的寒冷，接下来的太阳活动极小期和北大西洋涛动（NAO）的负相位，又将寒冷进一步加剧，使其持续了100年。来自苏格兰咆哮洞穴3000年的石笋记录显示，NAO在公元550年从正相位向负相位转换。在晚古小冰期之前，驱动大西洋将温暖空气输送到欧洲的北大西洋风力机器失灵了，欧洲大陆直接暴露于来自东部西伯利亚的冷空气之下。

长达几个世纪的内战、民族大迁徙和气候不稳定对罗马农业经济和社会秩序造成的破坏已经削弱了罗马帝国，晚古小冰期开始之初的严寒又进一步加剧了帝国的衰败。公元536年火山喷发的时候，罗马帝国的凝聚力已经被破坏，西罗马帝国在作物歉收、流行病和蛮族入侵的综合压力下陷入了瘫痪。东罗马帝国在公元6世纪虽然也面临着晚古小冰期和灾难性瘟疫的双重打击，但还是支撑了很长一段时间，直到1453年被奥斯曼帝国打败。

公元536年和540年的火山事件发生不久后，来自亚洲高原的鼠疫传到了罗马帝国的东海岸，并通过帝国向西传播，演变成了前所未有的大流行病。仅在第二场火山爆发的一年后，即公元541

年，鼠疫就通过老鼠和跳蚤出没的谷物船率先抵达了埃及。老鼠在埃及的粮仓中大量繁殖，这些老鼠很快就在整个罗马帝国扩散开来。公元542年，感染鼠疫的老鼠随谷物船从埃及被带到君士坦丁堡。西罗马帝国消亡后，君士坦丁堡成为帝国的新都城。从这里开始，鼠疫蔓延至整个地中海地区的港口城市，到公元544年，鼠疫已经传播到了罗马帝国西缘的不列颠群岛。啮齿动物横行的基础设施和全球贸易共同制造了这场发病速度快、持续时间长的大瘟疫，现在我们称其为查士丁尼瘟疫。

鼠疫在整个帝国越来越严重，并持续了200年。它最后一次暴发是在8世纪40年代，之后这场瘟疫就像它开始时那样，迅速结束了。晚古小冰期的第一次火山喷发后，仅仅过了几年瘟疫就开始了，而当晚古小冰期转换为中世纪暖期后，瘟疫便结束了，这个事实表明气候与瘟疫存在潜在的联系。鼠疫大流行是由生物和环境因素之间复杂的共同作用引起的。凯尔·哈珀（Kyle Harper）在2017年所著的《罗马的命运：气候、疾病和帝国的终结》（*The Fate of Rome: Climate, Disease, and the End of an Empire*）中指出，罗马帝国晚期船只、城市和粮仓等基础设施网络的扩张造成了有助于鼠疫传播的环境。哈珀将鼠疫流行描述为一个生物学的"多米诺骨牌"事件，涉及至少6个不同的物种：鼠疫细菌（*Yersinia pestis*）本身，携带细菌的跳蚤、沙鼠、旱獭，被跳蚤叮咬并感染的屋顶鼠（俗名黑家鼠），最后是被跳蚤叮咬或与老鼠接触而染病的人类。温度和降水的变化会影响这个瘟疫循环中每一种生物的栖息地、行为和生理过程。因此气候变化对疫情的放大或抑制，依赖于连锁反应发生的地点和时间。气候变化（例如晚古小冰期的变冷）与鼠疫之间的潜在联系是复杂的、非线性的。最有可能的情形是，公元 6 世纪 NAO 向负相位转变，使得鼠疫细菌的故乡——半干旱的亚洲地区降水增加，导致沙鼠和旱獭快速繁殖。野生寄主种群的膨胀增加了鼠疫细菌与其他寄主的接触，例如屋顶鼠，之后这些屋顶鼠又乘上开往罗马帝国的贸易船向西去了。

晚古小冰期的寒冷和查士丁尼瘟疫的接连发生，给罗马过渡期过后本已脆弱不堪的人口带来了沉重的打击。整个帝国的鼠疫致死率估计为 50% 到 60%。如此巨大的人口损失将罗马社会拖入了深渊。农民数量的急剧减少导致庄稼腐烂在田地里，造成食物短缺，而士兵的减少则大大削弱了军事力量。然而这些都没有将东罗马帝国压垮。它不仅实现了自身社会经济体系的颠覆性变革，也熬过了伊斯兰帝国在晚古小冰期的崛起。东罗马帝国从长达 200年的鼠疫大流行和 7 世纪中期穆斯林的入侵当中恢复过来，在 10世纪重新崛起，成为繁荣的拜占庭帝国，并于接下来的几个世纪在地中海东部地区的政治和文化领域占据统治地位。

第十二章　我们所知的世界尽头

霍尔戈（Khorgo）火山底部的熔岩区位于蒙古国的大白湖国家公园（Terkhiin Tsagaan Nurr National Park）中心，这里遍地是凝固的熔岩气泡，被称为"玄武岩蒙古包"。除了是当地热门的旅游景点外，熔岩区也是寻找对气候敏感的古老树木的典型区域。这里位于蒙古国中部，气候非常干旱，每年的降水量不足 254 毫米。这片黑色的玄武岩区创造的微地形条件，有利于稀疏的树木在那里很缓慢地生长。正如美国大盆地的白云石山坡可以为古老长寿松提供避难所一样，霍尔戈火山斜坡的熔岩流上表土很少，几乎没有腐蚀木材的细菌等微生物。那些或站立或倒下的枯木，能一直留在霍尔戈地面数百年，甚至上千年。

通过网络电话，我跟埃米·赫斯尔（Amy Hessl）进行了会谈。她是来自西弗吉尼亚大学的树轮学家，对霍尔戈熔岩区进行了广泛的研究。那时是 2 月，我的屋外洒满阳光，而她那里，窗外正在下雪。她告诉我 2010 年她去蒙古国出野外时，同事们"都认为她疯了"。

埃米的一个同事，来自哈佛森林研究所的尼尔·佩德森（Neil Pederson），也参加了这次野外考察，他曾在之前的一次野外工作中于霍尔戈采集到了西伯利亚落叶松（*Larix sibirica*）活树样本。那次野外采集的最老的树大约有 750 年树龄。埃米建议再去一趟霍尔戈熔岩区，寻找更老的活树和死树。她的同事们不想去，因为去那里意味着他们要从蒙古国首都乌兰巴托出发，然后经历一段路况很差的连续 24 小时的痛苦旅行。尽管如此，埃米依然坚持前往。

刚开始，大家对霍尔戈的野外之行并没有信心。从乌兰巴托去霍尔戈的路上，在当地的一家餐厅，尼尔吃了一份野蘑菇炖汤。这些蘑菇显然有问题，因为当团队到达霍尔戈的时候，他已经病得很严重了，不得不退出了第一天的野外工作。所以第一天，埃米和两个蒙古学生去了霍尔戈。这两个学生都拒绝带水。他们习惯喝加了牦牛奶的热茶，自信满满地认为即使没有水，自己也能在炎热的玄武岩熔岩区工作一整天。但是烈日很快让他们尝到了苦果，二人开始严重脱水。由于只有埃米一个人带着水，他们没有选择，最后一棵树也没有采，空手返回了营地。幸运的是，第二天的情况有所好转。有了充足的补给，尼尔也归队了，他们走了一条不同的路线，没多久便发现了一片熔岩荒原，那里稀疏地生长着发育不良的古老的西伯利亚五针松，整片荒原上都是凌乱的枯立木和倒木。他们在霍尔戈继续停留了五天，采集了 100 多个样本后返回美国。

埃米和尼尔在秋季学期开始之前回到家，繁重的教学任务让他们忽视了辛苦得到的霍尔戈样本。埃米回忆道，"尼尔和我拖了 8 个月都没有对任何样本进行交叉定年"，"然后一天晚上 8 点左右，尼尔给我发了一条短信，只有一个数字"。那个数字是 657，即公元 657 年，是他刚对一截霍尔戈的木头进行定年得到的结果。

从那以后，他们就加快了速度。不久之后，他们就得到了一条1112年的树轮序列。这是亚洲草原最长的具有年分辨率的干旱变化序列。

有了手里这条霍尔戈干旱重建序列，埃米和尼尔首先关注的是13世纪初的气候情况，也就是成吉思汗当权的时候。对于研究团队来说，关注蒙古历史上的这个时期是一个再自然不过的选择。"如果你和我一样来这里做研究，并且有一台时间机器，你一定会将这个时期放大来看，想去弄清历史上这一重大事件发生时的气候情况。"埃米这样说道。1206年铁木真统一蒙古，被尊称为"成吉思汗"，意为"天赐的领袖"。接下来的20年中，他领导了一次又一次成功的军事行动，直到1227年去世。在他的领导下，蒙古人征服了辽阔的疆域，包括现在的中国和中亚的大部分地区。

埃米和尼尔用树轮建造的时间机器讲述了一个清晰的故事：成吉思汗在过去1000年最湿润的那几十年中建立并发展了他的帝国。1211到1225年间是成吉思汗征战和军事扩张的顶峰时期，树轮记录中清楚地展现了15个连续的宽年轮。这表明在长达15年的时间内，降水量都高于平均情况，在过去1112年的记录中还没有可与之相比的多雨期。13世纪初的温暖湿润气候与成吉思汗的成就之间最直接的联系就是，在这样的气候背景下，草原的繁盛为成吉思汗的骑兵提供了相当充足的草料。

骑兵是蒙古军队的战术核心。蒙古马体型较小，高约1.3米，和其他品种相比更接近矮种马，但它们是蒙古人的"战争机器"，对于弓骑手来说不可或缺。蒙古弓骑手是世界上最好的骑兵，据史料记载，他们能够在行进中滑向马的侧面，从而躲过敌人的箭。当弓骑手侧挂在马上疾驰时，会将他们的弓放低到平行于马的下巴的位置，然后进行反击。成吉思汗曾宣称，从马背上征服世界很容易。

13世纪初的多雨期提高了干旱蒙古草原的生产力，蒙古马长得膘肥体壮。温暖湿润的气候也增加了土地的承载力，有利于资源和权力的集中。1220年，进入多雨期的10年后，成吉思汗在鄂尔浑峡谷边上的哈剌和林建立了一个小型的军事哨所。民众、军队和马匹的集中，使得哈剌和林哨所发展成为政治和军事中心，而这对于一个不存在多余资源的游牧社会来说，是不可想象的。这一切都要归功于13世纪初有利的气候条件，使成吉思汗得以巩固蒙古的政治和军事力量，实现快速扩张。

然而，要支撑起一个由几百个部落组成的庞大帝国，仅依靠增加的土地生产力是远远不够的。它还需要一位有魅力的领导人，以及能让这样的强者崛起的良好社会经济和政治环境。在这一点上，霍尔戈干旱重建为我们了解蒙古历史提供了另一个视角。在成吉思汗年轻时蒙古发生了一次罕见的大旱，从12世纪80年代一直持续到13世纪之初，1211—1225年的多雨期之前。其间，蒙古发生了严重的政治动乱，包括无休止的内斗和统治集团的瓦解。正是在这样的背景下，成吉思汗开始掌权并首次统一了蒙古各部落。

从12世纪80年代蒙古经历的干旱和13世纪20年代的多雨期来看，我们很容易得出以下结论：不利的气候易引发社会动荡，有利的气候有助于伟大帝国的崛起。但是就像树轮学家反复提及的，即使气候不稳定和社会转型有关，通常气候变化也只是众多相互联系的因素中的一个，就像我们在罗马帝国的例子中看到的那样。气候变化本身无法解释文明的衰落。气候变化是否会导致现存社会结构的瓦解取决于很多因素，其中最重要的因素是社会本身的脆弱性、恢复力和适应能力。多重外部因素也会起作用，例如流行病和他国的竞争。一个国家如何面对灾难造成的迫在眉睫的危险，依赖于它的政治领导力、价值观念以及这些观念在社会经济结构中的投射，例如罗马帝国头重脚轻的社会结构。现在我们可能正在经历一个更具说服力的例子：历史上第一次，我们的科学方法足够先进，可以详细预测人为因素导致的全球气候变化，但是我们无力（或是不愿）去减轻这些气候威胁，或者根据科学认知采取相关行动，这在很大程度上是由政治决策的不恰当或缺失造成的。

一个社会对环境威胁的响应，对这个社会抵御和克服这些不利影响起着关键作用，树轮年代学最近的研究进展进一步强调了这一点。基于树木年轮的气候重建覆盖了人类历史上有大量文献记录的时期，其重建的精确性令我们可以密切关注过去人类和环境的相互作用。例如，通过将霍尔戈的树轮序列延伸到更古老的时间，埃米和她的合作者们成功地为蒙古的早期历史提供了当时的气候变化背景。在成吉思汗崛起大约450年前，即公元8世纪和9世纪，是回鹘政权兴盛时期。为了获取该时期的气候变化历史，埃米和她的合作者们组织了另外三次去蒙古高原的野外行动，以便采集更多的样本，包括来自第二个熔岩区，即靠近回鹘首都乌加特的样本。最终得到的蒙古树轮年表综合了来自活树、枯立树和倒木的样本，最早可追溯到公元前688年，整条年表跨越了2700

年。延长的蒙古树轮年表提供了可靠的干旱重建，阐明了环境变化在回鹘从公元744年到840年崛起和衰落过程中所起的作用。

回鹘是草原游牧民族，他们在公元8世纪40年代取代了突厥人成为亚洲内陆的统治者。他们的经济以畜牧业为主，经济结构具有多元性和复杂性，与中国、中亚和地中海之间建立了一个贸易网络。掌权后，回鹘的领导阶层与中国唐朝的统治者建立了一种共生关系，包括用回鹘的军事力量和马匹来交换中国的丝绸，那是当时最奢侈的东西。用这种方式，回鹘将自己打造成为丝绸之路上举足轻重的角色，很快就从西边的里海扩张到了东边的中国东北。回鹘国历史的前半段，即从公元744年政权建立到公元782年结束，气候温和湿润，这对回鹘的马匹繁殖和畜牧经济及其与中国的丝绸贸易十分有利。但是，有利的气候在公元783年消失了，回鹘迎来了长达68年的干旱。这次干旱刚开始只是打乱了回鹘的社会结构，但之后它用了整整70年的时间，在公元840年终于把这个国家彻底拖垮。

起初，干旱带来了一段政治不稳定期，包括与中国西藏的一场战争（789—792）以及丝绸贸易中断[1]（795—805）。随后干旱加剧，在公元805年到815年达到最糟糕的时刻，这是最干旱的10年。尽管面临着极端的干旱，回鹘人仍努力维持他们与中国的贸易。我们从中国当时的文献记录得知，回鹘与唐朝的马匹交易在公元9世纪20年代末达到顶峰，例如在公元829年和830年，回

1　现在还不清楚这次贸易中断的原因，可能马匹产量下降，军队对马匹的需求量增加、干旱条件下马匹长距离运输的难度加大，或是上述因素的综合作用。

鹘人分别用 5750 匹马和 1 万匹马与中国做交易，一共换回了 23 万匹丝绸。持续的甚至是增加的商业活动证明了这个帝国应对长期气候压力的适应力。通过经济的多元化发展，并将经济重心在畜牧业、农业、贸易和兵力输出这四个方向上不断调整，回鹘成功地缓和了环境压力对整个族群带来的最不利的影响。

虽然回鹘拥有多元经济体系，但无休止的干旱最终还是将其经济拖入深渊。随着干旱对草场的破坏以及对马匹产量的负面影响，加之公元 830 年后中国丝绸的交易量迅速减少，回鹘的经济被彻底摧毁。经济的崩溃很快就带来了政治冲突。公元 839—840 年发生了严寒（dzud）[1]，这是一个灾难性的寒冬，大雪导致大量家畜死亡，给回鹘造成了致命一击。树轮年表中没有记录到严寒——毕竟树木在夏季生长——但历史文献的记录表明，家畜的巨大损失、大范围的流行病和遍地的饥荒充斥着那个冬天。西伯利亚南部臣服于回鹘的黠戛斯族（Kirghiz）将这场危机视为一次反抗的机会。他们入侵回鹘，摧毁了它的首都，杀死了回鹘可汗，终结了其近 100 年的统治。长期以来的观点认为，回鹘衰落的最直接原因就是经济危机、严寒和黠戛斯人的入侵，但现在蒙古的树轮年表显示，他们遭遇了超过半个世纪的干旱。无休止的干旱不仅导致回鹘与唐朝的贸易终止，而且伴随着公元 839—840 年灾难性的严寒，爆发了经济和政治危机。

当回鹘政权岌岌可危的时候，在它南部大约 4000 千米以外的

1　指夏天非常干旱，随之而来的冬天却极其寒冷（通常伴随强降雪）的一种现象。——译者注

地方，另一个政权在东南亚出现了，这就是高棉帝国。在今天的柬埔寨，高棉帝国古老首都的遗迹吴哥是世界上最激动人心和最重要的考古遗迹之一，已经被联合国教科文组织列入世界文化遗产。1000 年前，吴哥是一个庞大的城市，拥有强大的水利系统。通过包括沟渠、堤坝和水库在内的复杂水资源管理系统，吴哥的城市中心与广阔的郊区和农田相互连接。吴哥的水利网络覆盖了约 1000 平方千米，用于分配夏季风带来的降水。大部分年份，夏季风从印度洋携带暖湿的空气，将降水输送到东南亚，在 7 月和 8 月降水量最高。只要季风降水的模式不变，吴哥城的水利系统就能起到很好的调节作用，但事实证明，这个水利系统难以应对降水的突然变化。

为了研究东南亚季风的历史及其对高棉帝国的影响，哥伦比亚大学拉蒙特－多尔蒂树轮实验室的布伦丹·巴克利（Brendan Buckley）和他的同事在越南采集了罕见的福建柏（*Fokienia hodginsii*）。和其他热带树种一样，福建柏存在不规则的径向生长，导致一部分树干有缺轮或伪轮，很难对其进行交叉定年。但是福建柏颇具研究价值，因为它寿命很长而且可以很好地记录干旱。布伦丹在每棵树上取了 7 个样芯（标准操作流程是取 2 个），将那些不能交叉定年的样芯舍弃后，他最终建立了一条 750 多年的福建柏树轮年表，捕捉到了高棉帝国时期的季风变化。

布伦丹的季风干旱重建序列（1250—2008）显示，15 世纪吴哥衰落前的几十年，东亚夏季风很弱（图 17）。14 世纪中晚期，反常的弱季风造成了近 35 年的干旱（1340—1375），其间偶尔会有一些突然的强季风降水发生。就像我们在罗马帝国的例子中看到的那样，社会很难应对这些从干旱到洪涝，或者从洪涝到干旱的突然转变。事实证明，在突如其来的极端降水面前，吴哥城著名的复杂水利网络并没有发挥作用。由于其宏大的规模和高度的复杂性以及一些潜在的设计失误，吴哥的水利网络很难改变，也无法应对 14 世纪季风的突然变化。

吴哥水资源管理系统被毁坏的证据不是在树木年轮中被发现的，而是以一种不可思议的形式被记录在一些已有 650 年高龄的叶子中。这些易碎的材料来自吴哥一条主沟渠的沉积物中，放射性碳定年结果表明它们生长于 14 世纪末。大部分落叶显示，吴哥消亡的时候，洪水暴发带来的沉积物在沟渠堆积造成阻塞，灌溉用水无法从吴哥城的外围流向市中心。由此看来，在 35 年大旱的中期，当附近的农业用地最需要灌溉和防洪时，突如其来的季

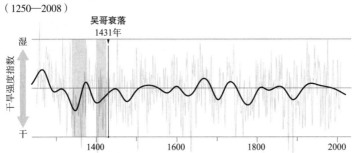

图 17　吴哥衰落的几十年前，亚洲夏季风变得非常多变。14 世纪中期发生了大约 35 年的干旱，只是偶尔会被强季风降水事件打断，随后在 15 世纪初，出现了一场持续时间较短但有时更为严重的干旱。吴哥的水利设施无法应对这种从干旱到洪涝或者从洪涝到干旱的突然转变。

风洪水已经毁坏了吴哥的水利设施。

吴哥在14世纪的遭遇并非只是遇到了一次季风减弱这么简单。伴随着气候的剧烈变化，社会经济和地缘政治动荡也同时发生，包括高棉帝国和相邻的阿瑜陀耶王国不断升级的战争。14世纪的干旱过后，随之而来的就是发生在15世纪初期的一场持续时间较短但更为严重的干旱。吴哥最终还是在持续的气候变化以及社会经济和政治的泥淖中被彻底削弱了，于1431年灭亡。只有吴哥窟作为佛教寺庙被一直保存至今，成为世界上最大的庙宇建筑群。

树轮年代学也阐明了玛雅文明在公元8到10世纪的古典期末期的衰落及其驱动因素，这在他们的长历法中同样有所体现。玛雅人创造了古典期（约250—750）全世界最先进的社会文明之一。富丽堂皇的艺术和建筑装点着他们庞大的城市，这里是数百万人的聚集地，人们用象形文字记录他们的日常生活和冒险。他们使用长历法来确定日期，这是一种通过计算自世界创立以来已经过去的天数来确定日期的历法，根据玛雅人的创世神话，世界是在3000多年前被创立的。[1]16世纪玛雅被西班牙征服后，这些文字记录保存下来的不多，但许多建筑和纪念碑上的铭文直到今天仍然清晰可辨。玛雅人刻在新建筑物上的历法日期尤其如此，当中最早的那些建筑可追溯到公元197年。但是在古典期末期（约750—950），玛雅的城市接连停止建造刻有历法日期的纪念

1　根据现在国际通用的格里高利历法，世界被创立于公元前3114年8月31日。

碑。最晚近的保存完好的玛雅长历法日期是公元 909 年，发现于恰帕斯州的托尼那城。

　　长达 700 年历史的长历法的终止看似突然，但玛雅文明的瓦解是一个漫长的过程，并非一下子完全消失的。研究者估计，古典期末期玛雅减少了 90% 到 99% 的人口。但是，当 16 世纪西班牙征服者到达那里时，仍有成千上万的玛雅人留下来与他们作战，导致了又一次人口锐减。即使经历了第二次磨难，玛雅人的文明也并未最终消逝。今天，中美洲的玛雅人人口已经恢复到六七百万。尽管玛雅人在随后的几个世纪里坚持不懈地抗争，但在古典期末期，大规模人口损失、玛雅制度的衰落以及国王和长历法的消失带来的灾难性影响是无可争议的。

　　玛雅文明瓦解的准确原因尚无定论，但是气候变化假说已经有一百多年的历史了。这个假说最初是埃尔斯沃斯·亨廷顿（Ellsworth Huntington）提出的，他是和道格拉斯同时代的耶鲁大学地理学教授。亨廷顿对气候决定论的思想进行了大量研究，尽管这种 18 世纪的方法因为与科学种族主义、殖民主义和优生学有关，而在 20 世纪早期不再受人关注。亨廷顿推测，是中美洲的多雨期引起了古典期末期玛雅文明的衰落，他还使用了来自加利福尼亚的北美红杉树轮数据来支持自己的错误假说。亨廷顿假设玛雅人生活的尤卡坦半岛和加利福尼亚的气候变化具有反相关关系：当尤卡坦半岛干旱时，加利福尼亚湿润，反之亦然。根据亨廷顿所述，加利福尼亚树轮数据中记录的公元 10 世纪干旱对应于尤卡坦半岛的多雨。

亨廷顿使用树轮数据来研究玛雅在古典期末期的气候这一想法是好的，但是他的研究方案有些缺陷。利用遥远的加利福尼亚树轮和基于加利福尼亚和尤卡坦半岛气候的反相关假设，无法得到可靠的结果，相比之下，中美洲地区上千年树龄的树木年轮才是研究玛雅文明衰落的合适材料。由于大部分中美洲土地都是裸露的且被人类开发过，树轮年表一般不超过400年，无法追溯到哥伦布发现美洲之前的历史。不过，墨西哥国家林业、农业和畜牧业研究所的何塞·维拉纽瓦·迪亚兹（Jose Villanueva Diaz）和阿肯色大学的戴夫·斯塔勒，在墨西哥城北部陡峭的阿马尔科（Amealco）峡谷发现了一片墨西哥落羽杉林，在人类几百年的砍伐历史里，它们幸存下来。讽刺的是，墨西哥落羽杉（*Taxodium mucronatum*）和北美红杉的确有一些渊源。从某些方面来看，亨廷顿的思路是对的。

墨西哥落羽杉是墨西哥的国树，是中美洲唯一能生长上千年的树种。瓦哈卡州（Oaxaca）的一棵墨西哥落羽杉胸径约11.4米，按树干的周长来算，它是世界上最大的树。阿马尔科峡谷的树并不是特别粗壮，但胸径也超过了4米，它们提供了一个长达1238年的树轮年表，反映了美洲中部过去的干旱变化。阿马尔科的树轮年表（771—2008）记录了至少4次重要的大旱，第一次发生在古典期末期，持续了25年（897—922）。这条年表将古典期末期发生干旱的时间精确到了年，结果显示：不是亨廷顿说的多雨，而是干旱在10世纪困扰着这个地区。而且这次干旱影响的地理范围非常广，从尤卡坦半岛延伸到美洲中部的高原。树木年轮还记录了后面的两次干旱，分别对应于托尔特克国（1149—1167）消失的时间和16世纪西班牙对阿兹特克国（1514—1539）的征服。

就像古典期末期发生的干旱那样，16世纪的干旱与墨西哥人口大规模减少发生的时间一致，这一点得到了当代科学界和大众媒体密切关注。据统计在欧洲人到来之后的100年间，阿兹特克国损失了80%到90%的人口。西班牙的征服者们带去的欧洲人和非洲人的疾病，例如天花和麻疹，也加剧了16世纪的人口减少，但主要原因是一种地方性疾病，阿兹特克人称它为"cocolitzli"（科科利兹利流行病），意思是"瘟疫"。科科利兹利流行病是一种出血热，欧洲和阿兹特克的医生都不知道这种病。它很可能是由一种病毒感染引起的，类似于埃博拉病毒和马尔堡病毒，它们在阿兹特克人群中引发了一系列流行病，而西班牙人却几乎不受影响。第一次科科利兹利流行病的传播开始于1545年，也就是西班牙征服阿兹特克帝国后的24年后，持续了4年时间，仅在墨西哥谷地就造成80万人死亡。更大的一次科科利兹利疫情暴发于1576年，导致剩下的阿兹特克人口又减少了45%。

16世纪的两次疫情发生在1540年到1625年，这是一段长达近一个世纪的干旱期，这次干旱影响了从墨西哥中部到北美，一直延伸到加拿大针叶林带的广大地区。仔细观察阿马尔科的树轮年表，可以发现持续干旱的这几十年中偶尔出现的湿润期，这正是1545年和1576年科科利兹利疫情开始的时候。16世纪和古典期末期干旱的相似之处是惊人的，它们都造成了毁灭性的人口损失。这些证据表明，出血热疫情可能不仅造成了16世纪中美洲的人口减少，也导致了古典期末期玛雅的衰落。这样的干湿交替气候也和其他时期的疫情有关，例如 20 世纪 90 年代美国西南部的汉坦病毒暴发。我们此前还看到了它在年代际尺度上的作用——提供了疟疾流行和罗马衰落之间的联系。

通过与维拉纽瓦·迪亚兹和斯塔勒合作，亚拉巴马大学的马特·赛瑞尔和墨西哥国立自治大学的鲁道夫·阿库纳-索托（Rodolfo Acuna-Soto）一起，在阿马尔科树轮年表的基础上，对这个区域的树轮进行了更多的研究。于是，墨西哥的树轮网络现在包含了 30 多个基于花旗松和墨西哥落羽杉的年表。这个树轮网络竟然支持了阿兹特克人的传说。阿兹特克人是一个迷信的民族，他们高度重视民间传说，相信预兆与诅咒。可以说，其中最为臭名昭著的诅咒就是"一只兔子的诅咒"。该诅咒预测，根据周期为 52 年的阿兹特克历法，每次循环的第一年，也就是"兔年"，都会发生饥荒和灾难。为了测试这个诅咒的准确性，研究者们分析了每次"兔年"之前、当年和之后的年份树轮重建的干旱情况。结果出人意料：在被西班牙殖民以前，有记录（882—1558）的 13 个"兔年"中，不少于 10 个年份在前一年发生了严重的干旱。例如，广泛报道的 1454 年"兔年"饥荒，此前两年的树轮宽度都低于平均值，反映了干旱和潜在的粮食歉收之间的关系。阿兹特克人可能把饥荒和不幸归因于"兔年"的诅咒，然而这一切都在阿兹特克时代结束了。1558 年西班牙征服者到来之后，连续 8 个"兔年"的前一年都没有出现树轮宽度的低值或干旱。科科利兹利流行病似乎不仅杀死了阿兹特克人，也抹杀了"兔年"诅咒。

第十三章　西部往事

当我抵达图森两年后，亚利桑那大学树轮实验室搬到了校园内一栋特别设计的全新建筑之中。此前实验室一直都在亚利桑那大学足球场的露天看台下面，那个它被"暂时"安置了75年的地方。在这75年中，亚利桑那大学树轮实验室采集的树轮样本数量呈几何级数增长，已经填满了足球场下方的整个空间。样本总数大约有70万份，以至于5年后，在我写这本书的时候，我们还在给这些样本搬家。

在这些样本中，有40万份是美国西南部的树轮考古样本。其中最古老的样本可以追溯到公元171年，最晚近的样本是1972年砍伐的树桩。这些样本讲述了美国西南部过去1800年的历史，和我们分享了古普韦布洛人[1]生活方式的细节，他们生活时代的气候条件，以及两者之间的联系。和大部分工业革命前的其他文明一样，普韦布洛人一直大量使用木头作为建筑材料、制作工艺品、做饭和取暖。在科

1　古普韦布洛人的文明通常被考古学家称为阿纳萨齐文明。"阿纳萨齐"的意思是"我们敌人的祖先"，是纳瓦霍人（Navajo）的语言，他们在1400年左右迁徙到了四角地区。出于对当代普韦布洛人的尊重，这里使用了"古普韦布洛人"的说法。

罗拉多州、新墨西哥州、亚利桑那州和犹他州这四个州交会处的四角地区，是寒冷的草原环境，大部分木材得以保存下来。

然而，在道格拉斯1929年发现树轮可用于定年之前，四角地区古普韦布洛废墟的年代很大程度上都是未知的。考古学家们对古普韦布洛遗址和悬崖民居的建造年代争论不休，这些房屋如今已得到保护，位于科罗拉多州南部的梅萨维德国家公园和新墨西哥州北部的查科文化国家历史公园等地。1922年查科峡谷考古任务的负责人曾估计，这里的普韦布洛博尼托遗址在"800或1200年前"[1]就有人居住。当道格拉斯将查科峡谷最晚近的树木年轮形成年代确定为公元1132年时，就如同释放了一头"定年怪兽"，永远改变了美国西南部考古学和人类学的世界。

被送往亚利桑那大学树轮实验室进行定年的古普韦布洛考古样本中，大多数是建筑物和建筑材料燃烧后或用火炉做饭和取暖时留下的木炭残留物。木炭比普通木材更容易保存，因为它几乎完全是由碳组成的，不含昆虫和微生物喜欢的纤维素和糖分。普通木材被埋藏在土壤中时，其中的纤维素和糖分会导致木材腐烂。当木材被烧焦时，其主要结构被保存下来，因此木炭碎片可以显示清晰的树木年轮结构，包括早材和晚材，甚至还有特殊的解剖学特征，例如树脂管道，这些都可以用来辨别树种。但是，一块木炭碎片需要含有足够多的清晰年轮，才能顺利地进行交叉定年。

1　Neil M. Judd, "The Pueblo Bonito expedition of the National Geographic Society," *National Geographic Magazine* 41, no. 3（1922）, 323.

如果碎片太小，或者来自快速生长且年轮较宽的树木，就像经常在炉子里发现的木炭，通常可能只有 20 个或者更少的年轮。这些年轮数量太少，并不足以将木炭的树轮宽窄变化模式和标准树轮年表的宽窄变化进行可靠的对比，从而确定它的年代。由于亚利桑那大学树轮实验室保存的很多美国西南部考古样本含有的年轮比较少，只有大约 40% 的样本被成功地确定了年代。

尽管如此，在亚利桑那大学树轮实验室通过树轮得到定年的西南部木炭碎片数量多年来一直稳步增加。据我的同事罗恩·汤纳（Ron Towner）所说，亚利桑那大学树轮实验室已经为 10 万多块木炭碎片确定了年代。与之互补的是少量未烧焦的考古木材样本，大部分来自房屋木梁。地面之上的木梁可以被保存 1000 多年，像木炭一样，它们大部分都逃过了微生物的攻击而免于腐烂。木炭和木材样本相结合，共同为研究古普韦布洛文明的年代和当时的环境提供了线索。

查科峡谷位于查科文化国家历史公园，是古普韦布洛文明的发源地之一。这条峡谷大约有 24 千米长，1.6 千米宽，两侧分布着具有多层建筑的大型古村落。从公元 9 世纪中期到 12 世纪中期，查科峡谷是当时的文化、政治和商业中心。这里有用于公共活动和典礼的建筑，包括 12 座大房子（great houses）以及用于宗教仪式、政治会议和社区集会的圆形地穴（kivas）。查科峡谷中最大也是被研究最多的建筑是普韦布洛博尼托遗址，占地面积近 8000 平方米，有 4 层楼高，包含 650 多个房间。作为查科峡谷的城市典礼中心，其建造估计至少需要 20 万根木头。查科人使用原木制作大房子和地穴的屋顶，以及砖石墙内的连接梁和支撑柱。较小的木板则被用作地板、门楣和窗台。

现在，去查科峡谷的旅程非常艰难。它位于新墨西哥州西北部一个偏远的角落，从阿尔伯克基（Albuquerque）或圣达菲出发的三四个小时的车程中，你会不禁好奇为什么有人选择住在这种荒凉的地方。那里没有宾馆，如果你想在峡谷岩壁的废墟中过夜，观看日出或日落，倒是有一个营地。记得要带上柴火，因为整个峡谷几乎没有树——只有一些稀疏的松树和刺柏，以及偶尔出现的生长不良的西黄松或花旗松，但是很难找到木头。这也是长久以来查科峡谷自然景观的样子。自更新世末期（大约 12 000 年前）开始，大部分高大的松树、云杉和冷杉就不存在了。[1]

直到 11 世纪初，查科峡谷的人口密度还比较低，查科人主要依赖当地的松树、刺柏和杨树来满足他们的建筑需求。然而随着居住点规模的扩大，他们建造了越来越多的大房子和地穴，环绕峡谷的矮小树木无法提供建造雄伟建筑的屋顶所需要的又长又直的木材。查科峡谷内可以实现这一功能的只有极少量的西黄松和花旗松，但它们早在查科文化发展之初就被砍伐殆尽了。所以到了 11 世纪中期，查科人被迫从周边的山区运输木材。在查科当地超过一个世纪的考古发掘中，发现的石斧（用来砍树的主要工具）数量很少，然而周围的山区则遍布斧头和砍刀，这也证实了查科人的木材确实来自比较远的地方。

1　我们是通过对古代树木花粉进行放射性碳定年得知这一点的。

树轮溯源研究为查科人的木材来源提供了更多明确的证据。在亚利桑那大学树轮实验室，研究人员不用测量年轮宽度，用肉眼就可以对美国西南地区大部分考古木材进行交叉定年。罗恩·汤纳和他的同事们对西南地区几百年来树轮年表中的年轮宽窄变化了然于胸。通常，他们只要看一眼木炭碎片中的年轮，就能确定它的年代。杰夫·迪安（Jeff Dean）是一位极其优秀的树轮考古学家，也是我在亚利桑那大学树轮实验室的同事。他告诉我，他用来对美国西南部考古样本进行定年的树轮签名是 13 世纪 50 年代的宽窄变化：1251、1254 和 1258 年的年轮通常比较窄，1259 年的年轮则比较宽。如果杰夫在一个未定年的样本中看到这样的宽窄变化特征，他就会把这段样本的年代初步确定为 1251—1259 年。然后再以这个特征时段为基础，判断样本剩余部分的宽窄变化是否能与标准年表的宽窄变化对应起来。这个方法使得杰夫、汤纳及其同事们在过去的 90 年中，对美国西南部超过 10 万个考古样本进行了定年。为了确定查科峡谷建筑木材的来源地，亚利桑那大学树轮实验室的博士生克里斯·吉特曼（Chris Guiterman）测量了查科峡谷大房子中 170 根横梁的年轮宽度变化，这是一个比交叉定年更辛苦的过程。随后他将横梁的年轮变化模式和来自查科峡谷附近山区的 8 个潜在木材来源地的树轮标准年表进行对比，发现 70% 的木材来自查科峡谷西边 80 千米外的楚斯卡山（Chuska Mts.）和南边 80 千米外的祖尼山（Zuni Mts.）。

楚斯卡山和祖尼山的山坡上长满了大片混合针叶林，为大房子和地穴的建造提供了很多又长又直的横梁。为了获得这些云杉、冷杉和松树的木材，查科人从峡谷出发，跋涉 80 千米，再把木材运回来。他们没有车或马这些运输工具，而且他们砍伐这些大树使用的工具主要是前文提到的石斧。不难想象，树木的砍伐需要大量的时间和精力。从楚斯卡山运送一根横梁返回查科峡谷，大约需要 100 工时的劳动量。建造像普韦布洛博尼托那样的大房子，则需要 2000 多人次来运输木材。然而，这并不能阻止查科人运输数万根横梁来建造他们的文化大都会。

克里斯进一步研究发现，随着时间推移，木材来源地也发生了显著的变化。大约公元 1020 年之前，大部分木材来自祖尼山。之后不到 50 年的时间里，楚斯卡山就取代了祖尼山，成为主要的木材来源地。木材来源地在时间上的转变，正对应于查科文化在 11 世纪中期的兴盛期。11 世纪后半叶，查科人的建筑活动达到了顶峰，这一时期他们建造了 7 座新的大房子，占据查科峡谷中总数的一半，而且大部分已有的大房子也都被扩建了。

尽管查科人在获取建筑材料和建筑大房子的过程中付出了超乎常人的努力，但他们使用这些建筑的时间却非常短。11 世纪的建筑高峰期只过了 100 年，查科峡谷就几乎是一片荒芜了。查科人不辞辛苦从祖尼山和楚斯卡山运来数万根木材，花费将近 100 多万个工时建立的大型建筑群，是该时期北美最宏伟的建筑，然而仅仅几代人之后，查科人就收拾行囊离开了。

在整个美国西南部的古普韦布洛文明中，类似的故事随处可见。例如，修建于 13 世纪末的贝塔塔肯（Betatakin）悬崖住所，只使用了不到 40 年。当我向罗恩·汤纳问起这一严重不成比例的投资回报时，他告诉我树轮年代学带给美国西南部考古学的最大启示可能就是：与绝对年龄相比，绝大多数古普韦布洛建筑的使用期都太短了。就像罗恩说的那样："直到有了树轮年代学的方法，人们才意识到，虽然这些建筑已经矗立在那里 800 年了，但这并不意味着它们被使用了 800 年。"

这些建筑的短暂使用期导致的必然结果是，古普韦布洛文明具有流动性的特征。如果你向古普韦布洛人的后人们问起当年查科峡谷人口为何减少，他们不会感到惊讶。是时候离开了，仅此而已。复杂的社会组织形式不复存在，查科人分散至整个地区，许多人回到了一种流动性更强的生活方式，表现为建筑规模不大，使用寿命也较短，群体相对不太集中等特点。

查科峡谷文明的发展和衰落为人口周期变化提供了例证，这是我们所理解的古普韦布洛人历史的固有部分。周期之初是一段长期的探索，期间普韦布洛人的分布比较分散，他们不断寻找新的居住地，探索新的社会组织形式。这个探索期逐渐被开发期所代替，当一些开发的尝试成功后，探索者们就可以安顿下来，把精力投入到农业生产与大房子和地穴的建造中。开发期过后，已经形成的聚合在一起的社会便会较为快速地解体，然后新的周期又以缓慢的探索期重新开始。整个周期大概为 100 到 200 年。

社会扩张和收缩导致的人口周期变化在树轮记录中得到了清晰的展示。计算人类学家凯尔·博辛斯基（Kyle Bocinsky）在科罗拉多西南部的乌鸦峡谷考古中心工作，他的合作者从四角地区的 1000 多个考古遗址收集了近 3 万棵树木的样本。当他们将每年砍伐树木的数量排列起来（就像我们在欧洲中部对罗马木材所做的那样），他们惊奇地发现，树木砍伐活动集中在四个峰值期，中间隔着四个低值期（图 18）。这些峰值期是开发期的建造狂潮，而低值期对应于探索期，建筑活动较少。每次开发峰值期大约持续100 年，而在此之前的探索期，树木砍伐的数量呈缓慢增长趋势，最后以砍伐数量突然下降告终。博辛斯基发现，古普韦布洛记录中的这四个开发峰值期分别是公元 600—700 年、公元 790—890年、公元 1035—1145 年（查科峡谷时期）和公元 1200—1285 年。最后的树木砍伐高峰——梅萨维德时期，则对应于公元 13 世纪梅萨维德和凯恩塔文明的繁荣期。

和之前的建造高峰期不同，1285 年的梅萨维德峰值后，并没有出现一个树木砍伐缓慢增长的探索期。更确切地说，1285 年后，树木砍伐持续减少，并且再也没恢复。1285 年的砍伐数量减少似乎是最为剧烈的一次波动。对于此前的文明，包括查科文化，我们可以通过分析他们离开居住区、搬到附近地区的模式，来推算他们的人口周期。但是，梅萨维德文明在 1285 年彻底离开了四角地区，再也没有回来。可见，只有在人口密度低且没有其他地方可以探索和居住的前提下，古普韦布洛人社会的流动性和定居周期才是可持续的。13 世纪末，这个区域已经被人类填满，当梅萨维德人准备离开的时候，他们要么重新居住在之前已经废弃的土地上，要么选择向南搬走。大部分梅萨维德人向南搬到了今天新墨西哥州境内的莫戈隆边缘（Mogollon Rim）和圣胡安盆地

（San Juan Basin）。公元 1285 年后，古普韦布洛人并没有消失：他们与美国西南部地区的其他文明融合，后代至今仍居住在新墨西哥州霍皮人（Hopi）和祖尼人的普韦布洛村落，举办宗教仪式时，他们还会去祖先曾经居住的地方故地重游。

除了人口密度增加以外，梅萨维德人的离开还有更多原因。人口过剩带来的是自然资源的过度开采，这对于美国西南部本就脆弱的环境来说是致命的。在干旱的四角地区，水和木材都是稀缺

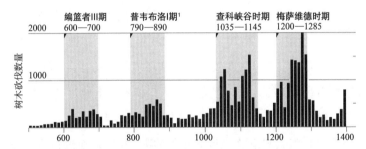

美国西南部建筑活动
（500—1400）

图 18　通过将四角地区公元 500—1400 年近 3 万棵树木的砍伐年代进行比较，可以看到建筑活动史上存在四个显著的高峰期。每个高峰期大约持续一个世纪，之后树木砍伐量就突然下降。

1　古普韦布洛文明的发展过程共分为 8 个时期：起初是编篮者 I 期至 III 期，之后是普韦布洛 I 期至 V 期。在编篮者 III 期（500—750），人们种植农作物、制作陶器，居住在结构较为复杂的地穴建筑内。"编篮者文明"（约公元前 1500—750）得名于在遗址中发现了大量篮子。在普韦布洛 I 期（750—900），古普韦布洛人开始居住在普韦布洛式建筑中，古普韦布洛文明进一步发展，人口增长，村落规模增大，农业系统更加复杂完备。——译者注

资源，而且极易被过度开采。就像查科峡谷的西黄松和花旗松一样，在后来的几百年中，大部分地方的树都被砍伐了。若是驱车前往查科文化国家历史公园，一路上所看到的那些荒凉景象，都是1000年前资源被过度开采的无声见证。

正如位于东南方3200千米外、早在300年前就已经瓦解的玛雅文明那样，四角地区的过度开发并不是孤立发生的。更确切地说，这一事件叠加在12世纪30年代查科峡谷和13世纪80年代凯恩塔和梅萨维德文明所遭遇的严重的连年干旱之上。这类可以持续20年、30年甚至50年的特大干旱，将使旱田耕作和灌溉农业无法进行，原本能够满足几年需求的粮食储存也变成杯水车薪。这些特大干旱不同于我们近年来经历的干旱，即使是20世纪30年代的沙尘暴或者20世纪70—80年代的萨赫勒干旱也不能与之相提并论。人口密度较低、居住环境较好的社会可能会有应对这类不利情况的方法，但是对于人口稠密、土地过度开发的凯恩塔和梅萨维德社会来说，除了离开，别无选择。

我们是怎么知道这些特大干旱的呢？当然是通过树木年轮。从一开始，13世纪末的梅萨维德特大干旱就是树轮年代学的关注对象。早在1935年，道格拉斯就写道："公元1276到1299年的大干旱（great drouth）是这条1200年的序列中所记录的最严重的干旱事件，这毫无疑问地影响了普韦布洛人的幸福生活。"[1] 我们

---

1 A. E. Douglass, *Dating Pueblo Bonito and other ruins of the Southwest*, Pueblo Bonito Series, no. 1（Washington, DC: National Geographic Society, 1935）, 49.

在第一章中提到，道格拉斯是利用树轮年代学方法确定四角地区考古遗址绝对年代的第一人。为了将现生树轮年表和考古浮动年表（只有相对年代，没有绝对年代）连接起来，道格拉斯花费了近15年的时间进行采样，并对大量树轮样本进行交叉定年。1929年，他用编号为HH-39的样本将两条年表连接起来。考古浮动年表的最后一年是1286年（图1），正好处于道格拉斯所说的"大干旱"中期。道格拉斯连接这两条年表之所以用了那么长的时间，主要有两方面的原因。一方面，四角地区普韦布洛人的一些居住点，包括梅萨维德和凯恩塔，在这一时期废弃了，使得可用于采样和分析的考古样本数量显著减少。另一方面，这一时期发生了梅萨维德特大干旱，导致13世纪末可以用来定年的样本很少，而且其中充斥着缺轮和窄轮，使得交叉定年非常困难。在1929年12月的《国家地理》杂志中，道格拉斯撰文写道："（美国）西南部的秘密被会说话的树木年轮破解了。"他利用HH-39样本描述了13世纪的树轮变化特征："沿着年轮向树心的方向观察，我们看到了大干旱的记录。这些非常窄的年轮讲述了树木在1299年和1295年所经历的艰辛。继续向着树心方向研究，我们发现每一个窄年轮（1288年、1286年、1283年和1280年）都在诉说大旱之年的生存之苦，就像我们在其他艰苦年份中所看到的那样。而且这些年份（1278年、1276年和1275年）的窄年轮也证实了其他树木所记录的情况……接着是1258年这个艰难的年份，还有更艰难的1254年。来到1251年和1247年时，所有的树都在呻吟着'实在是太干了'。"

当最初提出梅萨维德和其他居民点的废弃与大干旱有关这一假说时，道格拉斯受到了质疑。考古学家们很快发现，道格拉斯研究干旱所用的西黄松主要对冬季湿度比较敏感，然而作为古普韦布洛人主食的玉米则生长于夏季。美洲夏季风对美国西南部大部分地区总降水量的贡献能达到一半，所以对夏季的农业活动可能影响更大。为了查明这一问题，曾参与过阿马尔科峡谷的墨西哥落羽杉和北卡罗来纳州古落羽杉发掘的戴夫·斯塔勒想出了一个主意：分别测量美国西南部树轮的早材和晚材宽度。他发现，一些树种的早材和晚材之间存在很显著的边界，而早材是受冬季降水影响的，晚材则受北美季风带来的夏季降水影响。

为了找到足够老的树来讲述 13 世纪末的大干旱事件，戴夫去了新墨西哥州的埃尔马尔佩斯国家纪念地（El Malpais National Monument），他在那里的熔岩流环境中发现了现生树和留下的残余木头，这和埃米·赫斯尔与她的同事在蒙古国的采样环境相似。最终戴夫和他的团队在埃尔马尔佩斯获得了长度超过了 2000 年的树轮年表，他们花费了 1 个多月来测量埃尔马尔佩斯样本的早材和晚材宽度。经过努力，他们得到了两条独立的降水重建序列，一条是用早材宽度重建的冬季降水序列，另一条是用晚材宽度重建的夏季降水序列。戴夫的研究显示，13 世纪的大干旱的确主要是冬季事件，与 20 世纪 50 年代的美国西南部干旱不同，虽然总体上持续时间较短，但在季节上却涵盖了冬季和夏季。

自从道格拉斯填补了现生树轮年表和考古浮动年表之间的空白，美国西南部的树轮年代学已经发展了将近100年，那里的树木寿命长、耐干旱，那里的科学家也吃苦耐劳，建立了几百条树轮年表。这一树轮网络包含了来自加利福尼亚中央谷地长达8000多年的长寿松年表和蓝栎年表，这两个树种是世界上干旱事件最称职的记录者。随着时间的推移，北美的其他地区和大部分亚热带地区也建立了对降水敏感的树轮年表。哥伦比亚大学拉蒙特－多尔蒂树轮实验室的埃德·库克，使用这个树轮网络中北美的部分年表建立了北美干旱图集[1]。这一长达2000年的重建网络在过去20年中一直在不断地改进和完善，图集的最新版本提供了北美地区每个格点（格点空间分辨率为0.5°）过去的干旱环境演变的详细信息。埃德和他的团队在欧洲、亚洲季风区、墨西哥和澳大利亚也建立了相似的干旱图集。应用斯塔勒将早材和晚材分别测量的方法，对应于夏季和冬季的季节性干旱图集重建工作正在进行中。

　　北美干旱图集中单个最大的干旱事件是12世纪的查科特大干旱，紧跟着的就是13世纪的梅萨维德特大干旱（图19）。除了干旱发生的时间，这个图集还可以让我们研究这些特大干旱事件发生的空间范围。通过这个图集，我们了解到查科和梅萨维德干旱事件并不仅限于美国西南部，而是波及整个美国西部地区。查科和梅萨维德特大干旱发生在中世纪气候异常期，从"曲棍球杆"曲线

1　http://drought.memphis.edu/NADA/

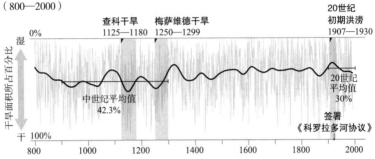

美国西南部的特大干旱

（800—2000）

图 19　北美干旱图集中最严重的一次旱灾是公元 1150 年左右的查科特大干旱。过去 1000 年中最湿润的时期是 20 世纪初，正是 1922 年《科罗拉多河协议》签署的时间，这份州际水权协议是基于不到 30 年的数据制定的。

和"一盘意大利面"曲线的研究中我们知道，当时北半球温度比随后的小冰期高了大约 0.7 摄氏度。在欧洲，中世纪的温暖促进了维京人的扩张和英国人的葡萄种植。在美国西部，高温解释了中世纪特大干旱肆虐的原因。毕竟，评估干旱不仅要考虑降雨或降雪将多少水带入地表，同时也要考虑蒸发和蒸腾作用导致多少水离开了这个系统。从这个意义上说，地球生态系统和人类的身体并没有区别，就好比在大热天去徒步时，你会出更多的汗，也就更容易脱水。同样，即使中世纪气候异常期和小冰期的降水量一样多，中世纪的高温也会导致持续时间更长、更为严重的干旱。

虽然中世纪时期比较暖和，但随着人类活动越来越多，中世纪时的温度已经被现在人类活动导致的增温超越了。我们是美国西部最近几十年增温影响的直接见证者。加利福尼亚在 2012—2016 年经历了一场为时 5 年的大旱，在我和同事们重建的内华达山脉积雪变化历史中，这场大旱造成当时的内华达积雪量非常少，是过去 500 年中的最低值。从 1999 年一直到 2018 年，美国西南部经历了长达 20 年的干旱，这次干旱导致的湖面下降形成了"浴缸环"（bathtub ring），指示了米德湖（Lake Mead）和其他水库在干旱发生之前的高水位。1999 年 6 月，亚利桑那州州长简·迪伊·赫尔（Jane Dee Hull）宣布该州进入干旱紧急状态，只是谁也没有料到这一状态持续了 20 年之久。但是不管最近的气候看起来多么恶劣，与中世纪的特大干旱比起来都黯然失色。中世纪的干旱不仅持续时间长——50 年或更久——而且比 20 世纪和 21 世纪已知最糟糕的旱情都要严重，影响范围也更广。如果这类特大干旱再度发生，会对美国西部现有的水利管理系统构成巨大挑战。未来几十年内，对水库补给至关重要的高径流量都不会出现。如果整个美国西部都经历类似于中世纪特大干旱那样的气候条件，那么像加利福尼亚南部那些供水依赖科罗拉多河和内华达山脉积雪补给的地区，将会面临大麻烦。

只要想到中世纪特大干旱是气候系统自然变化的一部分，就让人感觉非常不安。例如，12 世纪的查科干旱发生时，正是太阳活动的峰值期和火山活动的低值期。这就造成上面所描述的情形，高温不仅直接恶化了美国西部的干旱，而且还产生了间接的影响：高温加速了海洋—大气动力学过程，而这一过程和西南部的干旱有关，比如厄尔尼诺—南方涛动系统的拉尼娜现象。多种原因让我们相信，气候系统的这类自然变化将来会再次发生，当它们发生时，其影响将被叠加在人为变暖之上。简而言之，气候系统本身会导致严重的干旱事件，但是近年来的大气变暖、人口增长、土地利用变化以及水资源过度使用都会增加这类干旱成为"特大干旱"的概率。

在制订北美西部水资源管理计划时，树木年轮所提供的干旱长期变化信息是非常关键的依据。从《科罗拉多河协议》中，我们已经认识到了这一点。1922 年，由赫伯特·胡佛（Herbert Hoover）担任主席的科罗拉多河委员会起草了一份州际协议，为科罗拉多河在美西七个州和墨西哥之间的水资源分配确定了规则。根据该协议，科罗拉多河盆地被分为上游流域和下游流域。分界点位于亚利桑那州的李氏渡口（Lees Ferry），如今那里是游船进入大峡谷的起点。制定协议的谈判代表们使用李氏渡口的河流水深标尺作为基准线，来确定科罗拉多河每年可用于分配给上游和下游流域各州的水量。至今我们并不完全清楚，谈判代表们是否知道可供他们协议分配的实际水量有多少，但是他们认为的水量规模是每年 197 亿到 210 亿立方米（美国西南部一个家庭一年的用水量约为 300 立方米）。我们清楚的是，谈判代表们对科罗拉多河的年平均径流量足够放心，并在协议中指出这条河每年可供分配的水量是 185 亿立方米，上游流域和下游流域各 92.5 亿立方米。1944 年的《墨西哥水资源条约》进一步让美国做出承诺，每年再给墨西哥输送 18.5 亿立方米，因此在法律上每年可供分配的科罗拉多河水量总共有 203.5 亿立方米。

回想起来，1922 年这份协议的制定时机不是很合适。谈判代表们以科罗拉多河 20 年的径流量数据作为分配依据，这在当时是可行的。然而，20世纪初的早期径流量并不能代表长期的科罗拉多河水可用量。相反，现在我们从树轮数据知道，1922年正处于过去500年来最湿润的时期（图19）。我们可以使用树轮来重建科罗拉多河流域的径流量，因为树轮和径流量都受相同的水文气候因子的控制，例如降雪和蒸散作用。1976年，亚利桑那大学树轮实验室的查克·斯托克顿（Chuck Stockton）和拉蒙特－多尔蒂树轮实验室的戈登·雅各比（Gordon Jacoby）首次使用树轮重建了1521年以来李氏渡口的科罗拉多河径流量变化历史。他们发现，科罗拉多河的长期年平均径流量不是协议中所依据的203.5亿立方米，而是166.5亿立方米，差额高达37亿立方米，相当于1200万个家庭一年的用水量。他们还发现在过去的450年里，径流量较高且持续时间较长的一段时期发生在20世纪初，即从1907年到1930年，正好是1922年协议制定的时期。通过使用更多的树轮数据，斯托克顿和雅各比最初的重建已经得到了进一步改进和延伸，现在最长的李氏渡口科罗拉多河径流量重建可以追溯到公元762年。现有的四五个关于李氏渡口河水年平均径流量的重建略有差别，估值在160亿立方米到180亿立方米之间，但都与《科罗拉多河协议》分配的实际径流量不一致。即使是最好的状况，180亿立方米的年平均径流量也低于协议分配的径流量，其中的差值相当于700多万个家庭一年的用水量。

李氏渡口的径流量重建表明，树轮数据为最近的北美西部干旱提供了一个急需的长期背景。树木年轮显示，西部地区的实际情况远比20世纪和21世纪水管理协议所基于的最坏情况还要糟糕。打个比方，20世纪科罗拉多河所经历的最长的没有高径流量的时期是 5 年。在 12 世纪查科特大干旱时期，这一时期不是 5 年，而是 60 年。21 世纪的西南部干旱迄今已经持续了 20 年，但和中世纪特大干旱相比就显得微不足道了。想象一下：如果以目前米德湖的低水位再经历一场长达几十年的干旱，我们将面临怎样的危机？如果我们不想重蹈古普韦布洛人的覆辙，那么当我们制订水资源管理计划（比如科罗拉多河干旱应急计划）时，就需要考虑树轮以及其他古气候记录提供的历史上特大干旱的情况。这将有助于我们用可持续的方式来管理美国西部的水资源，从而保证人口、城市、生态系统在未来的繁荣发展。

第十四章　风的记忆

　　地球的气候是一个复杂的系统。人类活动会对气候产生影响，我们现在正亲身经历人类活动所带来的气候变化。物理定律指出，温室气体排放量的增加会导致温度上升，也就是全球变暖。实际上，它更像是全球异常，表现为热浪、持续 20 年的干旱、野火、5 级飓风、极地涡旋和暴雪。全球平均气候（例如曲棍球杆曲线）无法很好地表现这些气候的多样性和复杂性。幸运的是，过去 100 年来我们一直在建立和完善全球树轮网络，它有助于我们更好地理解当前疯狂的气候在长期气候历史中所处的位置。我们对树轮年表进行挑选和混合，再将结果进行比较，关注的是气候的动态时空变化而不只是平均走势。比如，我们为了重建北大西洋涛动的变化历史，将摩洛哥北非雪松的树轮年表和苏格兰的石笋记录进行了比较。当我们在气候代用指标之间建立这样的联系时，北大西洋涛动的特征就显现出来了。当然我们也可以用同样的方法来重建气候系统其他部分的变化，例如厄尔尼诺—南方涛动。我们也可以将这类研究拓展到那些不是发生在地球表面，而是发生在大气上层的气候系统层面，例如急流动力学研究。

急流是指在地球表面上方 8 至 14.5 千米处快速流动的西风[1]，其所在的高度也是飞机的巡航高度。这就是为什么从北美到欧洲的向东跨越大西洋的航班比相反方向航班的飞行时间要短大概一个小时。在向东飞行的航班上，飞机与急流的运动方向一致，因而速度更快。在向西飞行的航班上，为了避免强急流的逆风，飞机不得不在急流位置以上飞行。当我看到在保加利亚建立的树轮年表中最窄的年轮形成于 1976 年时，便萌生了用树轮重建急流变化的想法，因为 1976 年是巴尔干半岛有记录以来最冷的一年。

我们的树轮年表基于来自皮林国家公园（Pirin National Park）的树木样本而建立，那里位于保加利亚东南部，已被列入联合国教科文组织世界遗产名录。索菲亚林业大学的同行蒙奇尔·帕纳约托夫（Momchil Panayotov）曾在一次野营的时候发现皮林国家公园有古老的松树。在他的指点下，2008 年我们去了皮林山区，那里有动人的民间传说，以及巴尔干半岛特有的深色陡峭山脉。我们组建了一个国际团队，由来自保加利亚、苏格兰、德国和比利时的 9 位树轮学家组成，去采集古老的波斯尼亚松样本。和它属于同一树种的阿多尼斯，虽然生长的海拔高度相同，却远在 480 千米以外。现在，你已经知道树轮样本采集的野外工作流程了：早上我们从营地出发，经过几个小时的长途跋涉到达树线的位置，接下来就是采集树芯，然后在傍晚的时候下山，在天黑前回到营地。当时，皮林国家公园是保护区，所以我们不能携带链锯去砍

1　因为地球的自转方向是自西向东。

伐死树以获取树盘。10 年后情况有了变化。2017 年 12 月，保加利亚政府将商业砍伐合法化，并批准在公园边界内修建一个滑雪场。这项对生态系统造成威胁的举措在 2018 年年初引发了一波抗议浪潮，数千名当地和国际的环保主义者参加了抗议，但迄今为止也没有就该区域的保护达成一致方案。

皮林公园吸引游客的一个主要景点是拜库舍夫之松，它被认为是保加利亚最古老的树。这棵波斯尼亚松大约有 1300 年树龄，是以它的发现者——护林员科斯塔丁·拜库舍夫（Kostadin Baikushev）之名来命名的。公元 681 年保加利亚帝国建立时，这棵树就已经存在了。这棵古松仪态庄严，有 26 米高，周长超过 6 米。我们没有得到许可去钻取拜库舍夫之松的树芯。取一个国宝的树芯？根本不可能！话虽如此，但事实上我很怀疑这棵树是否真的有 1300 年的树龄。它更有可能是一棵具有明显文化意义的遗产树，而不一定是古老的。之所以这样说，不仅是因为它位于树线 300 米以下的地方（树线位置通常是发现古树的地方），而且是由于我们在更高的地方发现了树龄 800 多年的古松树，它们看起来都有些发育不良，然而拜库舍夫之松丝毫没有发育不良的迹象。总的来说，皮林山的松树比阿多尼斯和它在希腊的同伴要年轻一些，但依然达到了一个非常老的年龄。回到实验室，我们根据采集回来的皮林山松树样本建立了一条 850 多年（1143—2009）的树轮年表。

在测量样本的晚材最大密度以重建夏季温度时，我们发现 1976 年的年轮晚材颜色非常浅，这意味着 1976 年的夏季是巴尔干地区过去 850 年以来最冷的一年。这让我感到非常奇怪，因为1976 年的夏天是有记录以来欧洲西北部最热的一个夏天。在 2018年的全球热浪之前，1976 年的夏天一直是比利时（我长大的地方）热浪的参照点，即所有其他热浪都会与之比较。当我们再次将重建的巴尔干夏季温度和代表欧洲西北部的不列颠群岛夏季温度进行比较时，发现 1976 年夏季的这种地区差异并非个例。过去300 年中，当巴尔干半岛比正常时期冷时，不列颠群岛通常比正常时期要热，反之亦然。看来，1976 年的夏季是欧洲西北部和东南部夏季温度偶极子（跷跷板式变化）的典型表现，我们的树轮数据显示，至少在 300 年里，这样的跷跷板式变化一直存在。

2012 年夏季，在我们的结果发表后，我回到了比利时，那阵子天气非常糟糕，报纸上每天都在报道异常讨厌的寒冷和无休止的降雨。有一天我在父母家吃早饭，随手翻着《标准报》（De Standaard），看到那天刊印出来的区域天气图时，我立刻被吸引了。那张图非常贴切地反映了巴尔干半岛—不列颠群岛温度变化的跷跷板式关系，也就是我们几个月前发表的结果：当我们在比利时冻得瑟瑟发抖时，巴尔干人快要在热浪中被晒化了。

报纸上相应的文章解释说，这个跷跷板模式是急流大幅度向南移动的结果（图 20）。正常年份的夏季，在向东移动到苏格兰和斯堪的纳维亚北部之前，极地急流位于北大西洋东部北纬 52 度附近。极地急流可以被认为是北边寒冷的极地气团和南边温暖的亚热带气团之间的边界。夏季，当北大西洋急流（北大西洋东部极地急流的一部分）比正常年份位置偏南时，就像 2012 年那样，极地气团和低温会比正常年份到达的位置偏南，可以进入不列颠群岛和比利时。同时，来自副热带的温暖气团集中在巴尔干地区，引发那里的热浪。夏季，当北大西洋急流比正常年份偏北时，就会出现相反的情况，造成不列颠群岛的热浪和巴尔干半岛相对凉爽的夏季。

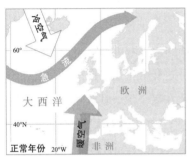

图 20　夏季，在向东移动到苏格兰和斯堪的纳维亚北部前，北大西洋急流的位置一般在北纬 52 度。它成为北边寒冷的极地气团和南边温暖的副热带气团之间的边界，给欧洲的夏天带去了温暖。但是，当北大西洋急流比平常移动得偏南，就像 2012 年那样时，寒冷的极地气团便在欧洲北部下沉。同时，副热带空气在欧洲南部聚集，造成巴尔干的热浪。

　　在一些年份，北美东部会发生类似的极地急流向南的跳跃。这个现象会给美国东部一半的地方带去寒冷的极地气团，后者被媒体称作极地涡旋。从气候学上来说，极地涡旋是一直存在的。在北半球，它是指北极附近的大范围低压和冷空气，位于环极地急流以北。[1] 有时候，急流位置会比正常时偏南，造成极地涡旋的

<hr />

1　南极也存在一个类似的极地涡旋。

寒冷空气入侵到比正常位置靠南的地区。通常来说，急流并不是以完美的直线形式环绕地球运动的，而是像一条蛇弯弯曲曲地环绕全球。有时，它强度很大，移动得很快，几乎做直线运动，于是将极地涡旋限制在一个以极地为中心的近似圆形的区域内。有时，急流的运动方向会向南或者向北弯曲。当急流在大空间范围内向南或向北蜿蜒而行时，就会导致在一些地区来自热带的暖空气移动得比正常年份偏北，而在其他区域寒冷的极地气团（极地涡旋）会比正常时期移动到偏南的位置。这样大幅度的曲线运动会使急流的速度减慢，也就意味着它停留在每个偏北或偏南的位置的时间更长，这将有助于极端天气的发生。以欧洲为例，当急流在不列颠群岛停留几天时，它会带来降雨，这并没有什么特别的。但是当它在相同的位置持续停留几个星期时，它所带来的绵绵不断的降雨就会引起洪涝，就像 2012 年夏季时那样。此外，若是夏季的急流在一个偏北的位置短暂停留几天，我在布鲁塞尔的所有朋友都会向城外的海滩进发；但若它在那个位置停留的时间过长，他们就会开始抱怨热浪，就像 1976 年夏季时那样。

在阅读了报纸上关于急流路径和移动的解释后，我意识到北大西洋急流是导致欧洲夏季温度跷跷板式变化的主要原因，也许我们能够将其与树轮年表中的变化联系起来。我在想，我们是否可以使用来自这两个极端地区的树轮数据来重建过去的急流呢？我们是否能使用地表的树轮来重建发生在地球表面几千米高处的风的变化呢？这个想法太吸引人了，因此我向国家自然科学基金委员会递交了一份项目申请书。为了获得资助，必须要在一份只有 15

页的文件中，去说服国家自然科学基金委员会相信，你的研究是重要的、可行的和迫切的，这本身就是一项非常艰巨的工作。进行初步的分析并展示相关的图件（对这项研究而言，就是温度的跷跷板式变化图），是证明研究可行的第一步。然后，你需要汇总预算，说明你的研究将花费多少钱，并找到开展研究的合作者。所有这些工作花费了我几个月的时间，2012—2013 年的大部分时间我都在思考、阅读，撰写我的急流项目申请书。在一个朋友举办的新年晚宴上，我们坐在桌边，每个人都在预测新一年学界研究的流行趋势。那天我肯定一整晚都在慷慨激昂地说关于急流的事，因为轮到我做预测的时候，还没等开口，所有的朋友都异口同声地喊道："急流！"

在某种意义上我是对的：2013 年急流持续而缓慢地移动，在北半球中纬度地区引发了一连串极端天气事件。在不列颠群岛，天气十分异常，多雪、寒冷的天气持续到了 4 月中旬。暮春时期的克里斯托弗风暴给欧洲中部带来了极端的洪灾。那个夏天，俄罗斯和中国也受到了大雨和洪水的影响。7 月，热浪袭击了欧洲西北部，温度超过了 32 摄氏度。12 月，猛烈的冬季风暴携带大雨和洪水抵达不列颠群岛。同一个冬天，北美经历了自己的温度跷跷板：加利福尼亚深陷于 4 年大旱中，北美东部则受到了极地涡旋的重击。2014 年 1 月是如此寒冷，以至于著名的尼亚加拉瀑布都被冻住了。大雪一直向南，到达了亚拉巴马州的伯明翰，让一些新创词语流行起来，例如"末日雪灾"（snowmageddon）和"世界末日暴雪"（snowpocalypse）。

近年来中纬度地区这种极端天气（干旱、洪水、寒潮和热浪）的增加，表明了急流特征的变化。这正是我们在亲身经历的事情：北半球的极地急流开始变得比以前路径更弯曲、流速更慢，导致急流位置频繁发生偏移，使得极端天气事件越来越多。最近几十年急流引起的极端事件的增加和全球气候系统中人为因素造成的剧烈变化是同步的，我们不禁要问：两者之间是否存在联系呢？也就是说，温室气体排放和全球温度的上升是否造成了急流移动变慢，并且引发了中纬度地区的极端天气事件？要回答这个问题，我们需要一份关于急流变化的记录，这份记录可以追溯到人类强烈影响气候变化之前，也就是 20 世纪之前。于是，树木年轮再次派上了用场。

通过将巴尔干半岛和不列颠群岛的树轮温度重建结合起来，我们得以重建 1725 年以来每年夏季欧洲温度的跷跷板式变化，并且捕捉到了过去 290 年间北大西洋急流向北和向南的极端位置（图 21）。在观察 1659 年以来英格兰中部温度计所记录的英国夏季热浪时，我们发现：当重建的北大西洋急流比正常位置偏北时，它将极地气团阻挡在不列颠群岛以北，这些热浪就会连续发生。相反，当北大西洋急流比正常位置偏南时，极地涡旋会往南移动，将极地气团一直向南带到英格兰，使得英格兰中部的夏季比较冷。急流最靠南的位置出现在 1782 年夏季，它一直向南来到北纬 42度，比平均位置偏南了 10 个纬度（约 1100 千米）。从历史文献中我们得知，1782 年夏季苏格兰天气寒冷，粮食歉收，整个国家陷入了饥荒。

北大西洋急流的位置在纬度上的变化
（1920—2000）

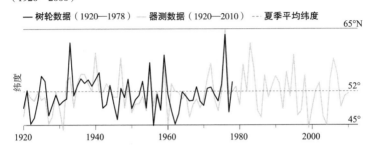

急流的变幅
（1740—1997）

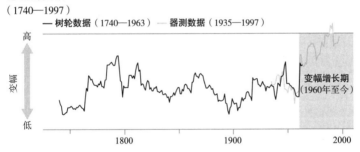

图 21　通过使用树木年轮重建苏格兰和巴尔干半岛的温度变化，我们得以重建
北大西洋急流过去的纬度变化。平均情况下，北大西洋急流在夏季位于北纬 52 度
（上图）。自 20 世纪 60 年代以来，它很多时候处于极端偏南或者偏北的位置（下
图）。虽然在计算平均位置时，这些偏北和偏南的极端位置互相抵消，使得平均位置
不变，但是增长的变幅反映了更多极端天气事件的发生。

　　我们的重建进一步揭示了急流极端偏南或者偏北情况发生
的频率随时间的变化趋势（图 21）。我们利用相对平均位置（北
纬 52 度）的偏离程度来度量北大西洋急流位置的变幅。自 20 世
纪 60 年代起，北大西洋急流的变幅增大，这表明与之前相比，夏

季北大西洋急流位置偏北和偏南的程度增加了。偏离程度非常重要，因为就是这些偏离程度较大（极北和极南）的急流造成了上文提到的热浪和洪水等极端天气事件。例如，1976 年 8 月，北大西洋急流位于北纬 65 度，比它的平均位置（北纬 52 度）偏北 13 度（约 1450 千米）。这种变化幅度的增加与越来越弯曲的急流路径有关，也是最近几十年中纬度地区极端天气事件频繁发生的原因。我们的重建首次显示，最近几十年北大西洋急流变幅的增加在过去 290 年间都是前所未有的，这说明近年来急流的极端位置和弯曲程度并非气候自然变化的一部分，而是与人为因素导致的气候变化有关。

北大西洋急流的成功重建鼓励我们去研究地球气候最近几十年变化的另一个特征：热带区域的变宽。热带位于南北回归线之间，像一条绿色的带子系在地球的腰间。这一绿色的热带核心区在南北两个半球与亚热带干旱区接壤，亚热带干旱区位于南北纬 30 度[1] 附近，是世界上多数沙漠所在之处，比如撒哈拉沙漠、澳大利亚的沙漠、阿塔卡马沙漠和图森附近的索诺兰沙漠。20 世纪 70 年代起，南北半球的这些干旱边缘地区都在朝着极地方向扩张，世界上缺水的区域也随之扩大。

1　也被称为"马纬度"（horse latitudes）。译者注：指副热带高压带。"马纬度"一词源于地理大发现时代。当欧洲殖民者开往新大陆的船航行到副热带高压区时，总是遇到高压下风平浪静的情况，经常会停船几天甚至几周。这些船只中有许多将马匹作为货物运往美洲。由于无法航行，船员们没办法获得补给，饮用水也经常短缺。为了节约稀缺的水资源，船员们有时会把运送的马匹扔下船。"马纬度"由此得名。

导致热带湿润、亚热带干旱的原因之一是哈德莱环流（Hadley circulation），这是一种将暖空气从赤道输送到极地的大气环流。赤道地区的太阳加热作用最强，温暖、湿润的空气在赤道上升，当它们到达地面上空大约 16 千米的高度时，开始向北和向南扩散。随着暖空气向极地移动，它开始冷却并形成降雨，从而把热带核心地区浇灌得绿意盎然。当它到达北纬和南纬 30 度时，移动中的空气已经变得又冷又干，以至于无法浮在空中，开始下沉。随着干冷空气的下沉，能给这一纬度区域带来降水的潜在的云和风暴被赶走，只留下沙漠地貌景观。过去 40 年来，热带空气开始下沉的位置纬度不断升高，热带的范围扩大了。热带变宽对相邻的亚热带地区的水文气候产生了深刻影响。随着热带的干旱边界向极地移动，以往刚好位于热带之外的那些亚热带和半干旱地区现在也进入了热带的范畴，结果就是：干旱。例如，澳大利亚南部在最近几十年被来自北部的干旱所困扰，位于南纬 30 度南边的那些城市，像是墨尔本、珀斯和阿德莱德，受到的影响最为严重。在北半球，热带边界哪怕只是向北移动 1 个纬度，像图森（北纬 32.2 度）和圣迭戈（北纬 32.7 度）这样的地方就有可能失去其极度依赖的降水。

和急流变幅的增加一样，热带区域在最近几十年的扩张和人为因素造成的地球大气变化的时间相一致。前面的研究已经证实了是人类活动导致的气候变化引起了急流变幅的增加，那么热带变宽和全球变暖有关系吗？是温室效应的增强引起了热带范围的扩大吗？将人为排放的温室气体作为气候模型的设定条件去模拟热带的范围，得到的结果告诉我们：是的，事实就是这样的。有趣的是，气候模型中热带扩张的速度远不及它们在现实世界的扩张速度：每 10 年扩张约 0.5 个纬度（大约 56 千米）。模型和现实世界的差异表明，除了温室气体排放，还有其他原因导致了热带扩张。究竟是哪些原因？目前并不清楚。在南半球，南极上空的臭氧层空洞可能有影响；在北半球，这可能涉及煤烟（soot）的污染；[1]但是各种人类活动以及气候自然变化的影响，现在还没有完全了解。与研究急流一样，研究热带边界在前工业时代是如何移动的，便可以剥离温室气体、煤烟和造成臭氧层空洞的氯氟烃等因素的作用，获得气候自然变化对热带边界移动的影响。树木年轮又一次为我们提供了解决方案。

来自阿根廷国家科学技术委员会（CONICET）科学技术中心的树轮学家里卡多·维拉尔巴（Ricardo Villalba）首次提出用树轮追溯热带边界的移动历史。里卡多从 20 世纪 80 年代就开始研究南美的树轮和过去的气候变化。2016 年在他的家乡召开的美洲树木年轮学大会上，他展示了使用南美树轮网络来重建南半球热带边界移动历史的想法。那天我坐在观众席上，深受这一想法的启发。我让我的博士后拉克尔·阿尔法罗 - 桑切斯（Raquel Alfaro-Sánchez）去调研我们能否在北半球做同样的事情，即是否可以用北半球的树轮数据网络来重建北半球热带边界

---

1 煤烟一般来自化石燃料和生物质的燃烧，包括柴火炉的使用和森林火灾。它在大气中的浓度自 1970 年以来显著上升，尤其是在北半球，那里有更多陆地，燃烧也更多。

在过去的移动历史。拉克尔访问了国际树轮数据库，在热带边界的位置（大约北纬35度和45度之间的纬度带内）寻找合适的树轮年表。当热带变宽时，即在热带边界比正常偏北的年份，这一纬度带将受其影响，发生干旱。在热带边界比正常偏南的年份，会有水汽从北边滚滚而来，带来降水。我们由此假设这一纬度带内对干旱变化敏感的树轮数据记录了过去热带边界向北和向南的移动。拉克尔收集了来自5个区域的树轮数据，分别是美国西部[1]、美国中部[2]、土耳其、巴基斯坦北部和中国的青藏高原。通过将这5个独立的年表结合起来，她重建了公元1203年以来北半球热带边界的移动历史（图22）。

当观察过去800年北半球热带边界的移动历史时，第一个突出特征是16世纪末和17世纪初（1568—1634）热带的扩张。和20世纪末热带的扩张不同，在混沌的气候系统中，16世纪末热带的扩张看起来似乎是气候系统在自然状态下的突变。就我们所知，16世纪末还没有臭氧层空洞，而且伴随着温室气体和煤烟排放的工业革命也还没有开始。尽管原因无法确定，16世纪末热带的扩张以及随之而来的干旱对所有位于北纬35度的国家（中国、土耳其、美国）都造成了严重破坏，这也给我们敲响了警钟：热带边界向极地方向移动可能给社会带来不利影响。

---

1 包括加利福尼亚州、亚利桑那州、新墨西哥州、科罗拉多州和犹他州的年表。
2 包括阿肯色州、密苏里州和肯塔基州的年表。

热带的扩张

（1203—2014）

图 22A　位于大约北纬 35 度和 45 度之间的区域在气候上受到热带边界移动的影响。当热带边界比平常位置偏北时，一些区域发生干旱，而另一些区域降水增多；当热带边界比平常位置偏南时会发生相反的情况。我们在这一纬度带内收集了 5 个区域的树轮年表：（1）美国西部；（2）美国中部；（3）土耳其；（4）巴基斯坦北部；（5）中国的青藏高原。

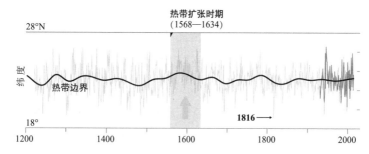

图 22B　结合这 5 个区域的树轮年表，我们重建了北半球热带边界自公元 1203 年至今 800 多年来的位置变化。我们发现 1816 年热带收缩得最为明显，也就是 1815 年坦博拉火山喷发后的那个"无夏之年"。此外，在 16 世纪末和 17 世纪初发生了持续 60 余年的热带扩张，同时伴随着席卷整个北半球的干旱和社会动荡。

　　热带扩张时期，中国遭受了一系列罕见的大旱。1586 至 1589 年的 4 年干旱严重影响了中国东部 90 万平方千米的土地，这是一

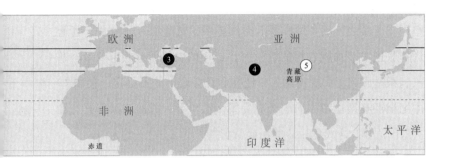

块比亚利桑那州、新墨西哥州和内华达州加在一起还大的区域。
大旱的最后一年，太湖（中国第三大淡水湖）干涸了。1627年陕
西省和北京西部发生大旱，随后中国就发生了大范围的饥荒和持
续时间最长的农民起义。但是，这两次旱灾与之后发生于1638—
1641年的大面积干旱相比便黯然失色。河南省地处北纬31到36
度，相关历史文献记录了当时的可怕情形。例如1639年就有"二
月，怀庆旱，沁水竭，飞蝗蔽天"这样的记载。[1] 这三次严重的旱
灾与经济衰退、政治动荡、天花流行和满族入关发生于同一时期，
这些糟糕的情况交织在一起造成了40%的人口减少。此后不久，
统治中国近3个世纪的大明朝灭亡了。

　　相似的情况也同时发生在奥斯曼帝国（今天的土耳其），16
世纪90年代的严重干旱摧毁了庄稼，导致了饥荒和流行病的暴
发。正如我们前面多次看到的那样，社会政治决策的失当加重了

1　J. Q. Fang, "Establishment of a data bank from records of climatic
　　disasters and anomalies in ancient Chinese documents," *International
　　Journal of Climatology* 12, no. 5（1992），499 - 515.

农业危机。1593年，奥斯曼帝国开始了与奥地利漫长的战争，已经饱受干旱之苦的乡村不得不提供更多的资源给帝国输血。当通货膨胀进一步加剧农村的饥荒时，绝望的农民就反叛起义了。塞拉利叛乱引起了大规模的人口迁徙和社会政治的不稳定，使得17世纪早期奥斯曼帝国的危机成为第一次世界大战前该国历史上最严重的危机，这次危机让奥斯曼帝国损失了三分之一的人口。

在北美，16世纪末的热带扩张造成了干旱，这次干旱在强度上可以和中世纪的特大干旱相提并论，超过了20世纪和21世纪的所有干旱。这次干旱事件致使美国西南部12个普韦布洛人定居点永久荒废。干旱还影响了西马德雷山脉、落基山脉、密西西比河河谷和美国东南部的广大地区。同时期在墨西哥，发生了长达40年的奇奇梅卡战争（Chichimeca War，1550—1590），这是墨西哥历史上发生在欧洲移民和本土居民之间持续时间最长、代价最大的一场冲突，而科科利兹利流行病的暴发也进一步导致了大规模的人口减少。

这一时期的北美历史上能看到的所有与干旱有关的灾难中，最严重的一次发生在东海岸早期英国人的定居点。1587年，英国人在今天北卡罗来纳州罗阿诺克岛（Roanoke Island）上建立了一个大概有115个殖民者的定居点。这一殖民行动是伊丽莎白一世特许的，目的是为突袭西班牙运送财宝舰队的劫掠船建立一处补给基地。三年后，当一支英国探险队在罗阿诺克岛上停留，试图获得补给时，却发现定居点被彻底废弃了。没有最初那115个殖民者的踪影，也没有战斗发生过的痕迹。据推测，罗阿诺克岛的殖民者遭遇了恶劣的环境状况，迫使他们不得不躲在当地的克洛坦族（Croatoan）部落。之后英国人又用了 17 年时间，于 1607 年在美洲成功建立了另一处永久定居点——弗吉尼亚的詹姆斯敦。但是詹姆斯敦定居点的殖民者也遭遇了始料未及的生存困境。第一批殖民者经历了 1609 到 1610 年的大饥荒，超过 80% 的居民在抵达那里的 3 年之内死去了。这里树轮帮我们解决的另一个历史之谜是早期英国殖民者的消失。阿肯色大学的戴夫·斯塔勒使用落羽杉树轮数据重建了公元 1185 年以来弗吉尼亚的干旱状况，他发现在过去 800 年中，1587 到 1589 年的干旱是当地最严重的旱灾，而罗阿诺克岛的殖民地在这次严重的旱灾后就消失了。同样地，在过去的 770 年中，詹姆斯敦大饥荒发生于当地最干旱的 7 年间（1606—1612）。英国人想在这个时候开拓新世界，真是再糟糕不过了。

为了重建热带边界的移动，拉克尔使用了热带边界以北跨越整个北半球的树轮数据。基于同样的道理，来自湿润热带地区的树轮年表网络可以被用来重建地球上最强大的气候系统内部驱动因子：厄尔尼诺—南方涛动。19 世纪末，秘鲁渔民注意到他们的太平洋渔场会在圣诞节前后变暖，于是以耶稣之名给这种现象取名为厄尔尼诺。热带太平洋东部的升温是向西的信风减弱的结果，在正常年份，信风会把南美温暖的海水和水汽输送到亚洲热带太平洋。我们现在知道，每过两到七年，向西的信风就会减弱，大量的热量留在南美太平洋，形成的巨大暖水池，引起热带风暴和洪水。同时，在太平洋的另一边，亚洲和澳大利亚接收到的水汽比正常年份少，造成大范围的干旱和野火。这一阶段的厄尔尼诺—南方涛动系统被称为厄尔尼诺现象。紧随厄尔尼诺现象之后的通常是拉尼娜现象，此时会发生与厄尔尼诺现象相反的事情：向西的信风比正常年份强，为亚洲和澳大利亚附近的西太平洋地区带去大量热量以及云和降水，形成西太平洋暖池。于是，在拉尼娜年，亚洲和澳大利亚发生洪涝，而南美则发生干旱。

厄尔尼诺—南方涛动系统造成热带太平洋暖池来来回回地跳动，对太平洋海域周围地区的水文气候产生了深远的影响。此外，厄尔尼诺—南方涛动系统也通过遥相关（teleconnection）影响了更多遥远地区的水文气候，也就是说，它和相隔甚远的地方发生的气候现象也有关。例如，在加勒比海地区，拉尼娜年的飓风通常比厄尔尼诺年要多。那些我为数不多的能去美国大陆最南端的滑雪胜地（图森附近的莱蒙山）滑雪的年份，都是厄尔尼诺给美国西南部带去丰沛的降雨和降雪的时候。在更远的地方，厄尔尼诺事件引起的洪水曾经冲断了坦桑尼亚的火车轨道，导致克里斯托夫和我不得不坐了3天的大巴才到达基戈马。尽管它的核心影响区位于太平洋海域，但厄尔尼诺—南方涛动系统其实几乎对全球都有影响，更好地了解它的"情绪波动"对世界各地的水资源管理者至关重要。了解厄尔尼诺—南方涛动的变化及机制尤为关键，因为它本身主要发生在冬季，而对水文气候的影响常常能延伸到下一年的夏季。这意味着更准确地预测厄尔尼诺—南方涛动的变化能给水资源管理者争取到6个月的时间，来应对即将到来的干旱和洪涝。

通过建立几百年的厄尔尼诺—南方涛动及其遥相关影响的变化历史，树轮学家的工作显著加深了我们对热带太平洋这一气候节拍器的理解。香港大学的李金豹团队集成 2000 多条树轮年表，建立了一条长达 700 年（1301—2005）的厄尔尼诺—南方涛动变化序列。这些树轮年表来自亚洲和南美的热带太平洋沿岸，取自与厄尔尼诺—南方涛动具有很强遥相关的跨越南北半球的 5 个中纬度地区。李金豹以树轮数据为基础的厄尔尼诺—南方涛动重建和来自中太平洋的两组珊瑚记录[1]有很好的对应关系，这两组记录反映了 19 世纪以来的厄尔尼诺和拉尼娜相位的变化。正如树木形成年轮那样，珊瑚可以形成年生长层，反映温度和其周围海水的化学特征，从而记录厄尔尼诺—南方涛动的变化。但是，只有当厄尔尼诺—南方涛动影响的范围足够大时，才能使来自中太平洋的珊瑚和来自亚洲、南美、北美以及新西兰的树木年轮都以相同的节奏变化。

我们将李金豹重建的厄尔尼诺—南方涛动变化历史和拉克尔重建的热带边界移动历史进行比较，发现在过去 700 年中北半球热带宽度在厄尔尼诺年是收缩的，在拉尼娜年则是扩张的。16 世纪末的热带扩张期在某种程度上促使了罗阿诺克岛殖民地的失落、明朝灭亡和奥斯曼帝国的危机，此时也正是拉尼娜盛行的时期。厄尔尼诺—南方涛动和热带边界的变化历史还有其他共同点：它们对过去的火山活动以及火山喷发的气溶胶都有很强的响应。一

---

[1] 分别来自迈亚纳环礁和巴尔米拉岛。

次大规模的热带火山喷发（例如冰芯记录中捕捉到的那些火山事件）之后，通常紧跟着一个厄尔尼诺年，其间北半球的热带边界发生收缩。

火山喷发和热带收缩之间的联系不仅帮助我们了解过去的气候变化，也提示我们要小心应对未来的气候变化。过去火山喷发导致的冷却效应已经启发了气候工程师，他们旨在通过深思熟虑的大规模干预来缓解人为活动导致的全球变暖，将太阳辐射管理项目（solar radiation management，SRM）作为当前和将来全球变暖的潜在解决方案。该项目计划通过飞机或气球向平流层注入气溶胶，从而人为制造火山喷发的冷却效应。虽然和其他气候工程解决方案（例如使用太空镜来反射太阳光）相比，这个方法相对比较省钱[1]而且容易操作，但却无法解决温室气体排放增加造成的有害影响，比如海洋酸化。此外，太阳辐射管理可能仅对一些地区和国家有益，而对其他地区有害。随着包括树木年轮在内的古气候代用指标增进了我们关于火山爆发对气候影响的认识，与太阳辐射管理相关的严重风险也变得非常明显。我们重建的厄尔尼诺—南方涛动系统和热带边界活动历史显示，火山向平流层喷发的气溶胶不仅能使地球表面降温，也会干扰一些重要的大气环流系统，导致降水和风向发生变化。过去火山喷发事件后发生的热带收缩表明，人为的气溶胶排放会产生有害的影响，特别是在中东和萨赫勒地区，这些地区非常容易受到水文气候变化的影响。

1　太阳辐射管理的花费在一些小国家、大公司甚至部分富人的承受范围内。

随着时间的流逝，温室效应逐渐增强，气候工程作为一种应对全球变暖的临时解决方案，正在得到越来越多的重视，直到我们能通过减排和碳捕获来降低大气中的温室气体浓度。然而，正如16世纪后期的热带扩张所显示的那样，不仅是气温变化，降水的变化所带来的社会风险也是巨大的。

第十五章　淘金热之后

2018年11月8日早上6点左右，太阳还没有出来，加利福尼亚州太平洋天然气和电力公司的工作人员发现，加州北部比尤特县（Butte County）一条电力线路下方着火了。那天早上风很大，速度接近80千米每小时，而且相对湿度低，火势很快就失去了控制。上午8点，大火烧到了山脚下的天堂镇（Paradise），镇上的居民大约有26 800人，然而仅仅4小时后这个小镇就从地图上被抹去了。因为火势蔓延得太快，天堂镇的许多居民无法撤离，导致至少86人丧生，超过14 000座房屋被毁。这场名为"坎普大火"（Camp Fire）的山火肆虐了27天，成为加州历史上最致命、最具破坏性的火灾。如今，天堂镇只有2000人，还不足坎普大火发生前人口的10%。2018年的整个火灾季节，加州共发生8500多场野火，烧毁了7700多平方千米的城镇、森林和灌木丛，政府花费了纳税人35亿美元来对付这些火灾及其带来的损失，其中一半用于灭火。

2018年加州的火灾季节表明了一个令人担忧的趋势，那就是野火的规模、破坏力和它对整个美国西部经济的影响在增强。在加州，有记录以来的 15 场影响最大的火灾中，12 场发生在 2000 年之后。整个美国西部，火灾季节持续的时间正在延长，20 世纪 80 年代初以来，大规模野火（燃烧的面积超过 4 平方千米）的数量一直在上升，每年都会比上一年增加 7 场大火以及超过 360 平方千米被烧焦的土地。为了弄清造成美国西部过去 40 年火灾增加的一系列原因，例如气候变化和森林管理方法等，我们需要了解当地的火灾历史，以及它是如何与气候历史和人类历史相联系的。树轮年代学再次发挥了重要作用。

从成熟树木树干上的伤疤，我们得知，在美国西部干旱的低海拔和中海拔森林，自然的火灾模式主要是由低强度的地表火（surface fire）组成的。地表火通常靠近地面，无法到达林冠层。它们烧毁了大部分林下层（包括草、灌木、幼苗和小树），但是除了可能形成的疤痕，它们对高大的成熟树木是无害的。事实上，比较老的树木在地表火发生后会长得更好，因为火灾会清除一些争夺水和营养的竞争者，并且减少了可燃物阶梯（fuel ladder）形成的风险：林下植被可以让大火从森林地面蔓延到林冠层，就连最高大的树木也无法在这样的大火中幸存。

美国西南部和加州的许多森林里都有被大火烧伤并留下疤痕的树，这些树见证了以往经常发生的地表火并活了下来。这样的火灾可能每 5 到 10 年就会发生一次。树木诚实地记录下几个世纪以来发生的火灾，很容易就能在一棵树上发现 20 个疤痕。我在加州特拉基附近多格谷地（Dog Valley）的一个树桩上，发现了我个人数到过的最高纪录。树轮定年结果告诉我，这个树桩是 1854 年被砍掉的一棵树的剩余部分。300 年的岁月为这棵树留下了 33 个火疤。

火疤经常出现于生长在山坡上的树木基部。斜坡上总会堆积一些可燃的碎片，包括树叶、树枝，甚至是树干。当地表火在森林中向上蔓延的时候，会在山坡上徘徊，这些可燃物将使局地的火势增强。火灾烧毁树皮，留下一个被称为"猫脸"[1] 的三角形疤痕。和人类不同，树木没有办法使伤口愈合。当树木受伤后，它们能采取的最好的疗伤方法就是在伤口两侧慢慢长出新的木材和树皮，并最终将它包裹起来。但是，如果每 5 到 10 年就发生一次火灾，那么在下一次火灾到来之前，伤口通常还没来得及被完全覆盖。树木最初的火疤位置很容易受到后续的火烧和伤害，因为它没有起保护作用的树皮，而且伤口组织中树脂含量高，更容易燃烧。所以当下一次火灾发生时，树干上相同的伤口处通常会再次受伤并留下疤痕，使得猫脸变宽，"疗伤"变得更加困难。数年后，当第三场火灾来袭，会再添加一个伤疤，猫脸也变得更大，如此循环往复。每一场火灾都会让树木增加一个新的伤疤，每个火疤都存在于火灾发生当年的树木年轮里。根据区域标准树轮年表，通过对样本树轮序列进行交叉定年，我们可以确定每个火疤发生的时间，进而获得火灾的准确年代（图 23）。通过观察树木年轮里伤疤的位置（即伤疤是存在于早材、晚材还是两者的边界），我们甚至能够

1　这个名字的来历并不清楚：伤疤看起来完全不像猫的脸。

知道火灾发生的季节（春季、夏季或者秋季）。

　　遇到有火疤的树，我们大多用链锯来取样。对于活着的树，我们采用切入法，熟练的锯工可以从一棵树上取下覆盖面积不超过树干表面10%—20%的楔子，并去掉已经被火灾严重损坏的部分。这个过程看起来并不赏心悦目，但好在对树的伤害不大。对于树桩和倒木——由于伤口组织含有树脂，猫脸部分常常是被保护得最好的部分——因为树木已经死了，不用考虑减少对它的伤害，我们只需要锯走想要的部分，这样一来，取样就容易多了。和传统的树轮采样（带一捆树芯在你的背包里）相比，将带有火疤的样本从野外运回实验室是一件费力的差事。这不仅涉及大量沉重木楔和树盘的搬运，当跨越不同大洲运输数百磅木材时，还会遇到很多物流方面令人头疼的问题。

　　亚利桑那大学树轮实验室的前主任汤姆·斯威特南（Tom Swetnam）是用树轮来研究火灾历史的科学家。我第一次见到汤姆是在他的家里，在我接受了他提供的职位后，他在家里为我举办了一个欢迎烧烤会。派对结束后做清扫工作时，汤姆开始播放尼尔·杨的歌曲，并且把音量调到了最大，这让我立刻对他好感倍增。汤姆在研究中的长期合作伙伴是克里斯·拜桑（Chris Baisan），他们的团队在20世纪70年代末开始在美国西南部采集带有火疤的树木样本，如今已经建立了一个火疤年表数据库，这个数据库包含900多个样点，遍布北美西部的大部分地区。当中许多火疤年表已经被收入可公开访问的国际多指标古火灾数据库，这是一个和国际树轮数据库类似的独立数据库。数据库中最老的记录来自于优胜美地和红杉国王峡谷国家公园的巨型红杉。为了对这些巨大的红杉树桩进行取样，汤姆和克里斯不得不用链锯切割 500 多个局部疤横截面。他们用这个方式找到的最古老的火灾可以追溯到公元前 1125 年。

然而对于美国西部火疤的研究，不只是 3000 年老树的结果才有意思，对晚近的树的研究结果同样有趣。在这个区域工作的任何一个火灾历史的研究者都可以证明，想在这里找到一个 20 世纪或 21 世纪的火疤有多难。原因之一是，树轮学家进行定年的许多火疤来自 19 世纪后半叶欧洲移民潮时期密集砍伐之后留下的树桩，在 19 世纪末之后没有记录。但是即使在绝大多数现生树上，最晚形成的火疤也要追溯到 19 世纪末，紧跟着就是超过一个世纪没有火灾打扰的树木生长（图 23）。在美国西部火灾历史的背景下，100 多年没有火疤是不寻常的。20 世纪之前，地表火频繁发生，火灾之间的间隔短暂，像上文提到的多格谷地树桩显示的那样，300 年中留下 33 个火疤，这说明大约每 10 年就会发生一次火灾。

通过回顾美国森林管理的历史，20 世纪的"零火疤之谜"很容易就解决了。1905 年，小西奥多·罗斯福（Theodore Roosevelt Jr.）总统建立了美国林务局，来保护和管理 78 万平方千米的国家林地。大部分林地位于密西西比河以西，罗斯福的保护策略最初遭到了来自西部木材、铁路和矿业公司的强烈反对，这些公司都想不受限制地进入这些区域。但是 1910 年发生了严重火灾，大火在

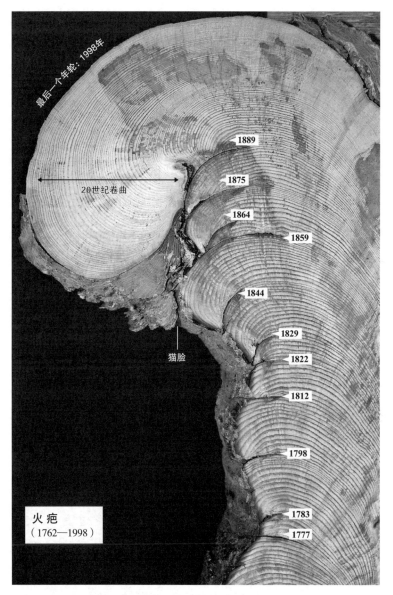

图 23　野火会在树木上留下疤痕。依据树轮标准年表对加州北部这棵加州黄松进行交叉定年，我们可以确定每一个疤痕形成的确切年份，即火灾发生的时间。19世纪时，火灾频繁发生。1905 年美国林务局成立，由于其在火灾控制方面的努力，20 世纪几乎没有火灾。

两天之内就烧毁了落基山北部超过 12 000 平方千米[1]的森林，100多人死去，其中很多人是林务局的消防员。这次火灾之后，灭火的林务局护林员成为国家英雄，扑灭森林大火成为一项国家大事，对罗斯福森林保护计划的抵制也就停止了。

过去的一个世纪中，林务局在扑灭野火上是如此成功，以至于很难找到 20 世纪森林火灾的任何证据。从 19 世纪频繁的野火到20 世纪"零火灾"的突然转换，被火灾历史学家称为斯莫基熊效应。事实上，这个昵称弄错了时代，因为消防宣传的吉祥物斯莫基熊（Smokey Bear）直到 20 世纪 40 年代才进入防火领域。随着"只有你才能阻止森林大火"这一口号的流行，斯莫基熊出现在公益广告牌、广播节目和卡通节目上，成为一种象征，意在强调森林大火会导致严重的后果，我们应当不计代价地去防止和扑灭这些大火。几十年来，汤姆·斯威特南一直在收集最早的斯莫基熊海报，并用它们来装饰亚利桑那大学树轮实验室的火灾生态实验室。当你走进这个实验室的时候，无论你看向哪里，斯莫基熊都会用手指着你。

基于过去几十年对整个美国西部火灾历史的研究，我们已经知道：频繁的地表火对于那里干旱的森林实际上并没有害处。相反，火灾是必需的，它可以保持森林的健康和活力，并定期清除林下植被，预防严重火灾发生。一个没有火灾的世纪过后，火灾被系统地压制了，导致林下植被异常茂密。20 世纪的斯莫基熊效应使得可燃物的密度和结构发生了剧烈变化，西部火灾的模式从低

1　大致相当于康涅狄格州的面积。

强度的地表火变成了高强度、高破坏性的林冠火。我们现在正面临着一个世纪以来对森林进行密集灭火所带来的危险结果，而这些林火本不应该被扑灭。过去 40 年，美国西部破坏性野火的发生频率呈上升趋势，至少部分原因应归咎于"零忍耐"的防火管理措施，这些行动导致了频繁且必要的地表火的缺失。

但事情远不止于此。2018 年 11 月的坎普大火和 2017 年 12 月的托马斯大火表明，21 世纪加利福尼亚州的火灾季节延长了。受地中海气候影响，加州历史上的火灾主要发生在炎热干旱的夏季和秋季，几乎不会在湿润的冬季发生，然而现在全年都有火灾。延长的火灾季节表明，我们最近在野火方面面临的困境不仅仅是长达一个世纪林火控制的结果，而且光是"盯着森林"也不能解决问题。向更高强度火灾的转变，与全球升温和干旱加剧是同步发生的。气温升高导致雪融化得更早，火灾季节也更长。高温通常还会造成更严重的干旱，使可燃物更易燃烧。持续时间长且严重的干旱也会导致树木死亡，这将给西部森林本就已经高于平均水平的可燃物负荷提供更多的燃料。要走出这个困境，我们需要更多的联邦资金，不仅是为了更加有效地控制火灾、保护人员和财产安全，同时也要用于控管烧除（即有目的地放火）以及间伐活动，从而减少可燃物数量，降低森林大火的风险。

斯莫基熊效应导致的 20 世纪"零火灾"现象（即火灾缺失），使得研究美国西部的火灾变得困难。如果没有火疤年表的帮助，我们甚至不知道频繁而低强度的地表火模式才是西部干旱森林过去的"正常状态"。如果没有早于斯莫基熊效应的跨越几个世纪的详细火灾历史，一切研究都会变得难以开展，比如解释气候对火灾的影响，理解人为造成的气候变化对加州当前野火状态的影响，预测随着温度的继续升高未来几十年会发生什么，等等。幸运的是，涵盖几个世纪的美国西部火疤网络已经建立，这正是我们所需要的。将利用树轮年代学获得的火灾历史记录和完全独立的干旱重建（比如北美干旱图集）进行比较，我们发现干旱曾经是美国西部历史上野火发生的强大驱动力。无论你是在美国西南部、落基山、加州还是西北太平洋地区，过去 500 年中绝大部分严重的野火都发生在那些夏季最干旱的年份。因此，在我们的火灾历史网络中，大部分树受到火灾伤害的年份反映的是有利于发生大火的干旱状况，而不是点火源发生频率的增加，例如闪电。在一个雨天，无论你向一片湿润的森林投入多少根火柴，它们都不会造成太大的麻烦。但是如果你在干旱夏季的一个晴日点燃一根火柴，就很可能引发一场大规模火灾。因此，美国西部的火灾历史记录能反映干旱的年份，就不足为奇了。但是实际情况要复杂得多。

在美国西南部，大部分年份是干旱的，然而并不是所有干旱的年份都会导致大范围的野火。在干旱的西南部森林，春季和夏季干旱不一定会导致一个大的火灾事件，因为火灾的发生还需要燃料。为了增加燃料的积累，大规模火灾的发生年份实际上需要比平常的年份在气候上更加湿润，而不是更加干旱。汤姆·斯威特南研究发现，过去西南部最严重的火灾，通常发生在 2 到 3 年异常湿润的年份之后的那个异常干旱的年份。这正是厄尔尼诺—南方涛动系统在美国西南部创造的气候条件：在厄尔尼诺发生的年份，这些地区比正常年份湿润，造成可燃物的积累；而在随后拉尼娜出现的年份，这些地区比正常年份干旱，火灾也就发生了。

汤姆第一次认识到美国西南地区火灾与厄尔尼诺—南方涛动系统之间的联系是和他的朋友朱利奥·贝当古（Julio Betancourt）在朱利奥家的前门廊上喝啤酒时。[1]朱利奥在美国地质调查局工作，是一名古生态学家和古气候学家，那时他正在研究过去的厄尔尼诺—南方涛动活动。汤姆先是列出美国西南部火疤序列中大的火灾年份，包括1893年、1879年、1870年、1861年、1851年等，朱利奥发现这些年份中有许多拉尼娜年；当汤姆又列出一些火疤数量很少或者没有火疤形成的年份时，如1891年、1877年、1869年、1846年，朱利奥想到，这些是厄尔尼诺年。随后汤姆和朱利奥意识到，他们可能发现了什么。他们的结论是：热带太平洋的厄尔尼诺—南方涛动现象是美国西南部野火发生的重要驱动因素。这对我们认识过去火灾与气候的相互作用具有里程碑的意义。为此他们写了一篇论文，于1990年发表在《科学》期刊上。

15年后，当我开始研究火灾历史时，汤姆和朱利奥的论文已经成为传奇，是其他项目所依靠的巨人的肩膀。该项目是宾夕法尼亚州立大学的艾伦·泰勒（Alan Taylor）设计的，目的是找到影响加利福尼亚州内华达山脉过去野火模式的气候因素。作为一个土

---

1 这与我和玛尔塔第一次想到使用沉船数据来研究过去的飓风活动的情形有些相似。

生土长的加州人，艾伦知道厄尔尼诺—南方涛动对这一地区的影响并不强，但除此之外，会是什么引发了内华达山脉的火灾呢？这正是我们想弄清楚的。在这个项目中，我完成的第一个任务是在内华达山脉进行了8个星期的火疤样本采集。经过一个星期的学习，在艾伦向我展示了怎样去发现并对有火疤的树和树桩进行取样后，是时候让我这只城市小鸟从拥挤而现代化的欧洲首都飞出，展开翅膀飞向广阔的野外了。我租了一辆车，买了一些日用品和防熊喷雾器，整个夏天我都独自一人在内华达山脉考察，在国家森林里取样，晚上就睡在林务局的营房里。和我们一样，林务局也很想知道更多关于这片森林过去火灾历史的事情。在每个取样地点，森林防火员都非常热心地帮忙。

在美国的第一个夏天，我一直在内华达山脉的森林里游荡，就像做了一场梦。我渐渐熟悉了"荒野"，这是在人口稠密的比利时根本不存在的概念。森林防火员们也和我这个经验不足的欧洲学者开着善意的玩笑——"丹麦？保加利亚？你是哪里人来着？"一天晚上，我和两个森林防火员住在普卢默斯国家森林深处的营房里。晚饭后，他们邀请我去看他们在附近捡到的一张DVD。那是恐怖片《女巫布莱尔》(*The Blair Witch Project*)，讲述的是三个业余电影制作人在森林深处徒步旅行时失踪的故事。对那些还没有看过这部电影的人，我想说的是，这绝不是那种你想在树林深处，周围一个人也没有的时候看的电影。除了能得到愉快的陪伴，与森林防火员通力合作也是一个提高工作效率的策略。每到一片新的森林，我都会花几天时间搜寻"最好的"树桩，那些树桩的猫脸中火疤数量更多，保存得也更为完好。我就是这样在多格山谷找到了带有 33 个火疤的样本。然后我会和森林防火员们一起再来（通常还配有消防车和相关人员），请他们用链锯帮我采集样本。这是一个双赢的做法，森林防火员帮我在不破坏火疤的前提下顺利取得样本，[1]与此同时这些防火员也得到了链锯使用技能训练。[2]

那个夏天，我从 29 个采样点采集了 300 多个带火疤的树木样本，采样点北起拉森国家森林，南至巨杉国家森林，跨度足有800 千米。在对这些样本进行交叉定年和分析后，我将这些样本与艾伦、他的学生和他的合作者们采集的火疤样本的大量数据结合起来，得到了一个来自内华达山脉包含近 2000 个样本的数据库，它提供了 2 万个已定年的火疤，可用来研究气候对加利福尼亚火灾的影响。这个庞大的数据库告诉我们，过去内华达山脉野火主要的驱动因素正是干旱。我花了两年时间分析采回的样本，却只是发现：当天气干燥的时候，内华达山脉就会有野火发生。我敢打赌，就算是用一个不那么详尽的数据库，我们也能得出这个结果。

我们花了一段时间才意识到，除了和干旱的联系，我们还能从内华达山脉时间跨度自 1600 到 1907 年的火灾重建中提取出哪些额外的信息。将火灾历史的变化序列与 20 世纪年度区域火

1　没有经验的人使用链锯采样时，会破坏细小的火疤。

2　火灾发生时，需要在火点周围挖出一条防火线，即通过清除所有易燃物（包括树桩）来控制火势蔓延，这时熟练使用链锯非常重要。

灾数据的变化序列加以合并时，我们注意到火灾历史存在三次明显的转折。在1776年、1865年和1904年这三个时间点，火灾的特征发生剧烈变化（图24）。记录中的前175年，火灾活动相对稳定：平均而言，我们的数据网络中每年有22%的样点发生火灾。然后在1776年发生了一次转变，之后近一个世纪的时间里，内华达山脉的火灾状况变得更加频繁，而且规模更大、范围更广。1776到1865年间，在任何一个年份，都有38%的样点发生火灾。1865年后，火灾又退回至中等强度，平均20%的样点发生火灾，和早期情况相近。1904年后，内华达山脉的火灾活动降低到400年来的最低水平。这三次转折与我们所研究的气候重建

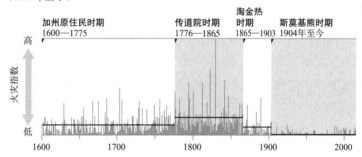

内华达山脉的四个火灾时期
（1600年至今）

图24　当我们将来自加州内华达山脉300年的火疤数据和20世纪历年火灾区域面积进行合并时，我们发现了四个显著不同的火灾时期。1776年之前，加利福尼亚的原住民为了便于耕种和狩猎而烧出许多小斑块区域。随着欧洲殖民者抵达北美定居，疾病造成原住民大量死亡，规模大而范围广的火灾发生频率增加。淘金热过后，由于牲畜涌入加州，火灾活动再次下降。1904年以来，大范围的火灾控制将火灾活动降至前所未有的低点。

并无关联，包括温度、干旱和厄尔尼诺—南方涛动系统，这让人很纳闷。如果不是气候因素，到底是什么引起了1776年、1865年和1904年火灾模式的转变呢？

这三次转折中，最近的1904年转折点很容易解释：那时罗斯福开始筹备建立林务局，也着手对联邦林地制定防火政策。我们也不需要花费太多的精力就能解释1865年前后的转折——从强度非常高的火灾活动到强度中等的火灾活动的转变。内华达山脉的许多火疤样本来自于加州淘金热时期砍伐的树桩。在科洛马（Coloma）1848年发现金矿后的10年里，约有30万人从美国其他地方和国外迁到了加州。为了满足采矿者的需求，州政府快速引入了大量商品和牲畜。1862年，加州有300万头羊，1876年这个数字翻了一番。19世纪后半叶的每个夏季，从内华达山脉的森林到高山草甸，羊群随处可见，它们吃掉了潜在的火灾燃料。也就是说，牲畜放牧的增加导致可燃物的分布不再连续，呈碎片化，这也就能解释1865年火灾强度的转变，1865年之前是频繁发生的大范围、大规模的野火，之后则是不那么频繁的大规模野火。为了建造矿区、房屋和铁路，大批木材被密集砍伐，这也在一定程度上引起了1865年火灾模式的转变。我们甚至在内华达山脉最偏远的角落都发现了这一时期的木桩，这说明砍伐活动是大范围的，并不局限于城镇和交通枢纽。

鉴于1904年的斯莫基熊效应和1865年的淘金热导致的火灾模式变化都与人类土地利用方式的变化有关，我们不禁思考土地利用方式的变化对1776年火灾模式转变的可能影响。1776年以前，内华达山脉的野火都是中等程度的，在时间上也相当稳定。1776年后，内华达山脉的野火变得更加频繁，而且每个样点之间野火的变化在时间上也更加同步。从1776年到1865年，平均每年遭受野火的样点占比从22%上升到了38%，这90年间，我在内华达山脉取样的29个样点中，每年都有样点遭受野火。最严重的火灾发生在1829年，从北部的拉森国家公园到南部的红杉国王峡谷，29个样点中的25个遭遇了火灾。但是1776年到底发生了什么，导致内华达山脉野火突然就变得如此频繁并且同步呢？每当我发表关于这份研究的演讲，问听众1776年发生了什么时，得到的第一个回答经常是《独立宣言》的发表。这件大事确实发生在那一年，但与加州几乎没有关系。更熟悉加州历史的听众偶尔可能会将其与当时西班牙传道院的建立联系起来，而这确实是一个值得研究的影响因素。

1769年至1833年，方济各会的牧师们在加州建立了21家传道院，目的是向当地原住民传福音，当时加州有500到600个原住民部落。西班牙传教士给加州带去的除了《圣经》还有一连串欧洲疾病（例如天花），对于这些疾病，原住民没有任何抵抗力。几乎是在传道院建成的同时，这些疾病便立即开始传播，虽然这些传道院只建在加州海滨地区，然而广泛的部落间贸易网使得疾病通过乡间小路和贸易路线迅速向中央谷地和内华达山脉的山麓传播。到了1855年，85%的加州原住民死于瘟疫流行。这样一场突如其来的大规模人口减少对加州产生了深刻影响，其中也包括当地的火灾特点。在传道院建立之前，当地原住民部落定期通过燃

　　　　　　　　　　　　年轮里的世界史

烧来增加野生林木、草本植物和猎物的产出。比如,在西莫诺部落（Western Mono tribe）,人们烧掉蓝栎林的林下植被来促进骡耳菊（*Wyethia elata*）的生长,这是一种多年生草本植物,种子可以食用。约翰·缪尔（John Muir）在目睹了内华达山区原住民部落的人为放火活动后,在1894年的日记中写道:"印第安人为了方便猎鹿,烧掉了某些地区的林下灌丛。"加州的原住民点燃这些小规模的火,从而减少了整个森林里的可燃物数量,降低了可燃物的空间连续性,也由此创造了燃烧后斑块镶嵌的景观。他们烧出的这些小斑块和我们今天建立的防火道功能一样:阻止火的蔓延。随着1769年后加州原住民人口骤降,林火管理程度降低,小斑块的点烧也没有那么频繁了。可燃物的分布重新变得连续,增加了大火在整个内华达山脉森林蔓延的趋势。汤姆·斯威特南和他的同事在新墨西哥州北部的赫梅斯山（Jemez Mts.）也发现了原住民人口减少对火灾模式影响的相似效应。这一区域的西班牙传道院建立时间更早,始于1598年。20年后,就像内华达山脉一样,传道院的扩张导致赫梅斯人的数量大幅度减少,火灾模式向着更频繁的大范围野火转变。

内华达山脉地区的火灾都发生在炎热干旱的时候,共经历了四个火灾时期:加州原住民时期（1600—1775）、传道院时期（1776—1865）、淘金热时期（1865—1903）和斯莫基熊时期（1904年至今）。但是,人类对土地利用方式的变化会减弱或放大火灾与干旱的关系。传道院时期,干旱对火灾的影响最强,也就是在原住民燃烧的小斑块减少之后,淘金热使得可燃物碎片化分布之前的那段时间。传道院建立后的近一个世纪，内华达山脉的大部分森林都没有被人为干预过。没有原住民的火灾管理，也没有牲畜放牧的影响，气候就控制了野火发生的时间和地点。我相信我们可以从中吸取教训，来处理当前美国西部的野火困境。毫无疑问，加州的气候在下一个世纪会变得越来越热、越来越干，导致野火日益严重。但是我们的研究结果表明，过去土地利用方式的变化会影响火灾与气候之间的关系。如果我们通过间伐或者控管烧除来减少可燃物的连续性，在内华达山脉建立一个相对碎片化的森林景观，那么我们也许就能减少林中的可燃物，从而降低未来火灾的强度和规模，减轻火灾受未来气候变化影响的严重程度。

得益于美国西部密集的火疤网络，我们能够深入理解气候、人类活动与火灾的复杂关系。我们对世界上其他地区的火灾历史的了解很有限，仅仅是刚刚开始。2010 年，在汤姆·斯威特南使用树轮重建美国西部火灾历史的近 30 年后，他接受了美国国家航空航天局的资助，去研究西伯利亚泰加林的火灾历史。当我到达亚利桑那大学树轮实验室几个月后，汤姆邀请我参加雅库特（Yakutia）的野外项目。在那之前，我只在一个名为"冒险"的棋盘游戏中听说过雅库特，那是玩家要去征服的领土。我从未想过去遥远的西伯利亚，那里位于棋盘的东北部，就在勘察加（Kamchatka）的西边。当时我没考虑多久就答应了汤姆，这也符合我的座右铭：任何事都要试一试。不过从雅库特回来后，我再用这句座右铭的时候都很小心。

雅库特，也叫萨哈共和国，以任何标准来看都是广阔的。它的面积超过 260 万平方千米——大约是印度的大小——然而只有不到 100 万人。[1] 为了去雅库特采集火疤样本，汤姆组织了一个由 5 名亚利桑那大学树轮实验室的研究者和 5 名俄罗斯的同行组成的团队。我们计划了一次为期 10 天的野外考察，从位于勒拿河畔的萨哈共和国的首府雅库茨克（Yakutsk），开车 720 千米，抵达当地合作者耶戈尔（Yegor）的家乡博图卢（Botulu），并在回程的路上取样。我们知道 10 天的野外工作只能覆盖西伯利亚广袤区域的一小部分，但我们没有意识到的是，即便是仅仅穿越选定的长度为 720 千米的样带也是一个非常雄心勃勃的目标。

　　这次野外考察以图森到雅库茨克的 30 多个小时的飞行为起点。幸运的是，我们在雅库茨克有几天的休息时间，用于在野外项目正式开始前购买补给，还顺便参观了当地的猛犸象博物馆。雅库茨克十分闷热，温度高达 35 摄氏度，相对湿度至少有 70%，在整个考察期间一直是这样。到了出发的时候，停在我们酒店前面的两辆车既不是吉普车也不是越野车，而是苏联时代那种四轮驱动、没有空调的货车。如果你在谷歌地图中查找从雅库茨克到博图卢（据说只有 815 人居住）的路线，你会得到如下信息："对不起，您的搜索似乎超出了我们目前所能驾驶的范围。"听起来没错。从雅库茨克到博图卢的道路笔直，是没有铺装的砂石路面，路两旁是茂密的落叶松和松树林。这条路主要在冬季使用，因为冬

1　数据参考 2010 年的人口普查结果。同时期印度的人口超过 13 亿。

季路面会冻住，可以开车。而在夏季，这条路就像一个巨大的泥浴盆，其中有深深的车辙和 1 米深的淤泥，驾驶员需要时刻观察路况并做出反应[1]。我们用了四天的时间才从雅库茨克抵达博图卢，而且中途并没有停下来采样。我们的大部分时间都花在货车外面，有时是为了减少货车的重量，这样货车就不会陷在泥塘里或者卡在前面的车辙里，有时是为了将货车推出泥塘，还有的时候，在尝试越过泥塘之前，我们需要等司机搭建一个临时的木制平台来盖住那些泥塘。并不意外的是，途中一辆货车抛锚了，这让我们的旅程又耽搁了两天。当我们在附近的一个小村子等备用配件送来的时候，队长耶戈尔反复念叨着他的口头禅"从前没有路，只有方向"，试图让我们振作起来。说实话，在经历了四天颠簸泥泞、汗流浃背的日子后，我开始觉得"没有路"可能比我们所在的这条路还要好些。

尽管去往博图卢的路充满艰辛，我们仍然成功地在 720 千米长的样带采集了 300 多棵树的样本，这是非常了不起的。毫无疑问，这要归功于我们漫长的工作日。7 月，在北纬 62 度，白天很长，加上黄昏和黎明时日光比较朦胧的几个小时，我们一天大约有 19 个小时的工作时间。GPS 上的时钟所记录的取样最晚时间是23:54。在那 10 天里，我不记得看到过夜空，哪怕是暗淡的星光。通常我们在早上 6 点左右起床，吃早饭，整理帐篷，然后开车（更

1　泰森·斯韦特纳姆是亚利桑那大学树轮实验室的一名野外工作者，他在"油管"发布了一系列记录此次雅库特冒险之旅的视频。这些视频可能是感受我们当时心情的最好方法了。网址：https://www.youtube.com/watch?v=9n_fElk6mTo

准确的说法是，推车、等待、走路）去取样。我们会在下午 4 点到 6 点吃午饭，于午夜时分停止前进——那个时候外面还是很亮。搭好帐篷后，大家吃晚饭，享用必不可少的伏特加，然后在凌晨两三点钟睡觉。俄罗斯当地的合作者们对所有这一切都很淡定：他们比我们起得早，会提前把咖啡准备好；为我们准备饭菜；晚饭后还要熬夜打扫卫生。我很好奇他们有没有睡过觉。此外，他们还带了一个用于淋浴的帐篷，每晚他们都会一丝不苟地搭起这个帐篷，还烧好多热水。这在西伯利亚的泰加林里非常奢侈，但是我怀疑，作为团队中唯一的女性，我是唯一在这次艰难旅程里挤出时间享用它的人。虽然有这些后勤保障，我依然感到非常难熬。在我们平安回到图森很久之后，我很欣慰地听到汤姆说雅库特的野外考察是他整个职业生涯中最艰难的一次。如果一个有着超过 30 年野外经验的资深树轮年代学家都觉得这次经历颇具挑战性，那么我的那些不适也就不足为奇了。

造成此次雅库特野外之行如此辛苦的原因有很多：闷热，泥泞，无处不在的蚊子和马蝇，货车发出咔嗒咔嗒的巨大噪声让人无法交谈，令人沮丧的缓慢进展，超长的工作时间。我是团队中唯一的女性，整天和 9 位不洗澡的男性队员一起工作——在这艰苦劳动、汗如雨下、露营野外的 10 天里，他们中似乎没有人意识到辛苦劳作后洗个澡的好处。导致这次野外考察格外难熬的最重要原因之一，是我的低血糖症。当血糖水平较低时，我的"饿怒症"就会发作，致使无法好好工作。在雅库特，俄罗斯当地的合作者负责与食物有关的一切：购买食材，准备食物，决定每顿饭吃什么以及什么时候吃。他们准备的食物很可口，但是用餐的时间很残忍。早上 6 点吃过早饭后，直到下午 4 点的"午饭"前，我们什么都没得吃；然后直到午夜后的"晚饭"的这段时间，我们还是什么都没得吃。两顿饭之间有 8 个小时，这可没法对付低血糖症。除此之外，在这长长的 8 小时间隔里，还要把汽车推出泥塘，并且穿过森林走数千米的路去采样芯和锯树。有了第一天的惨痛经历，再加上比利牛斯山的教训——我的男同行们绝不会在野外工作时承认自己饿肚子——第二天中午我要求吃些点心。虽然有点勉强，耶戈尔还是给了我们每人一个苹果。当我后来再次尝试提出同样的要求时，便没有苹果了：他们为 10 个人 10 天的旅程只准备了 10 个苹果。

　　幸运的是，作为一个有经验的低血糖症野外工作者，我有备而来。在布鲁塞尔休假期间，我囤了一些带独立包装的、有巧克力外皮的比利时华夫饼，并且在行李中放了 10 块。第三天，已经没有了苹果储备，而我的血糖水平急剧下降，看不到缓解的希望，于是在货车行驶途中我撕开了第一块华夫饼。我迫不及待地要把那块 8 厘米见方的巧克力华夫饼吞下去，但是我犯了抬头的错误：五双贪婪的眼睛紧紧盯着我手里的华夫饼。我别无选择，只能和身边五个绝望的灵魂分享本就不多的华夫饼。考虑到我们一顿就把所有苹果储备吃光这一惨痛的教训，我限定了华夫饼的供给量：在后面的旅途中，我们在货车中的 6 个人一天只吃一块华夫饼。虽然不足以防止低血糖症的发作，但是比利时巧克力华夫饼振奋团队士气的积极作用给我留下了深刻印象。直到今天，六年多过去了，一个曾在雅库特共赴野外的朋友还经常给我写邮件称赞比利时华夫饼的诸多优点。

在雅库特的森林中，我们所到之处都能发现有火疤的树，沿着雅库茨克到博图卢的样带，团队共在 32 个样点采集了样本。我们采集的带猫脸的松树和落叶松年龄在 200 到 300 年之间，树干上有 2 到 16 个火疤。我们在一棵倒木上发现的最老的火疤可以追溯到公元 1304 年。样带上最年轻的火疤是在 2010 年的一场火灾中留下的。通过将每个单独样点火疤发生的年份排列起来，我们对该地区的火灾发生频率有了一个整体了解，明确了过去哪些年份发生了大火。由此我们慢慢在整个西伯利亚建立起火疤数据网络，并覆盖了越来越多的地域。通过学界合作，这个数据网络现在已经延伸到了蒙古国和中国东北部。但是有关亚洲火灾历史网络的研究进展缓慢，需要更多艰辛的野外工作。这个网络还需要一段时间才能让我们以历史的视角看待雅库特这一偏远角落的火灾动态变化，就像我们在美国西部所做的那样。

第十六章　有树方能成林

　　1995 年，在对德国东部舍宁根（Schöningen）煤矿露天矿区的沉积层进行了 12 年的挖掘后，考古学家哈特穆特·蒂姆（Hartmut Thieme）和他的团队[1] 终于从厚厚的泥土中找到了四支年代古老的木制长矛。

其中三支精心打造的长矛看起来像是 1.8 米长的标枪，另外一支较短的矛两头锋利，很可能用于猛刺。在这个特殊的泥层里，伴随着这些矛出土的还有 20 多匹马的骨头碎片，这些遗骸清楚地表明它们是被屠杀的。舍宁根原是一个湖滨地区，现已被水淹没，因此有机物（例如木制的矛和马的骨头）得以被很好地保存下来。

这个地点后来被称为"马匹屠宰场"或者"长矛地层"，并以此为人们所熟知。当年那次发掘应该是一项令人震惊的考古发现，蒂姆邀请了大约 25 个同事去参观这个地点，让他们共同见证。1995 年，美国史前历史学家尼古拉斯·康纳德（Nicholas Conard）

1　来自下萨克森州遗产办公室。

对这次参观的描述如下：“蒂姆声称发现了几十匹被屠杀的大型莫斯巴赫马，几支保存完好的木制长矛，多个火塘和大量石器，这些是任何理智的考古学家难以想象的……11月1日，我坐了很长时间的火车才从图宾根来到舍宁根，在路上从未想过蒂姆的说法可能是真的……那天的心情只能用狂喜来形容，在场的所有人很快意识到他们正在见证一项考古学史上无与伦比的发现。”[1]

这个地点的有机物过于古老，无法进行树轮年代学定年和放射性碳定年，[2] 但是可以利用其他定年方法（例如热释光定年法[3]）获得这个层位的上覆和下伏地层的年代，由此计算出木制长矛相对准确的年龄范围。事实证明，这些木制长矛的年龄在30万到33.7万年之间，这使得它们成为人类历史上最古老的木制品。它们早于大约30万年前的尼安德特人，可能是由海德堡人（*Homo heidelbergensis*）制作的。海德堡人是一种具有智人和直立人（*Homo erectus*）——我们更久远的祖先——特征的古人类。早在100万年前直立人就出现在地球上了。舍宁根的发掘让我们对石器时代早期古人类的行为和人类演化的认识出现了颠覆式转变。旧石器时代的木矛表明，舍宁根的海德堡人使用了复杂的武器和工

---

1 N. J. Conard, J. Serangeli, U. Böhner, B. M. Starkovich, C. E. Miller, B. Urban, and T. Van Kolfschoten, "Excavations at Schöningen and paradigm shifts in human evolution," *Journal of Human Evolution* 89（2015），1-17.

2 也就是说，它们的存在时间超过了5万年。

3 一些物质，例如舍宁根的燧石碎片，在很长一段时间内积累了能量。当对它们进行预处理和加热后，它们开始发光释放这些能量。发光量会随材料的年代发生变化，因此可以被用来对材料进行定年。

具，是食物链顶端最熟练的捕猎者。这需要一定程度的计划、社会协调和沟通能力，而这些能力以前一般认为只有现代人类具备，而尼安德特人之前的古人类是没有的。

舍宁根的木矛强有力地证实了从人类演化的早期开始，熟练地使用木材就是人类文明的一部分，这甚至可以追溯到25万年以前。这一点很有意义。早期人类将木材作为一种资源加以利用，因为木材到处都有，容易获取，而且不需要用复杂的工具处理。长久以来，树木满足了人类对食物、住所和能源的基本需求。数千年来，随着更耐用的铜、青铜和铁制工具代替了石斧用于木材的获取和加工，木制工艺稳步发展，于是木材开始被普遍使用。树轮考古学家通过对这些史前时代和信史时代广泛使用的木材进行准确定年，得以分析全球各地的考古发现。

树轮学家和历史学家是幸运的，因为人类建筑中使用木材的历史很长，木材使用的地点和形式甚至比想象中要更加广泛和多样化。人造木制建筑的最早证据可以追溯到大约公元前9000年的中石器时代，是在英国北约克郡的斯塔卡（Star Carr）发现的。斯塔卡的考古学家实际上并没有发现木制建筑，而是发现了直径约4米的圆圈里的18个柱坑，这表明曾经有一栋圆形的木制房子立在那里。木材是一种有机材料，如果它在地面上暴露于空气中，极易随着时间推移腐烂。正如斯塔卡的柱坑所显示的那样，古代木制建筑的地上部分很少会被保留下来，造成过去的文明并不那样依赖木材的假象。罗马人曾在建造活动中大量使用木材，例如制作生产砖块用的模具，或者制造木制起重机，以满足堕落的罗马皇帝建造宏伟建筑的需求。但是在众多罗马木制建筑中，只有用来保持水井结构稳定的木材因为被水淹没而得以保留。浸水环境中，木材被保存在无氧条件下，让我们得以一窥木材的使用和加工历史。旧石器时代的舍宁根木矛、新石器时代的穆尔滕湖湖岸木桩建筑以及英国的斯威特古道都在告诉我们：公元前6000年，欧洲最早的农民也是最早的木匠。时代较晚近的建筑中的木材，例如中世纪欧洲的哥特大教堂或是古普韦布洛人的大房子和地穴，由于尚未腐朽，所以还能在地面上被发现，通常可以根据树轮确定年代。

在距今更近的几百年里，木材成为地理大发现时代和工业革命背后的关键力量。我们在重建加勒比海飓风活动时所依据的西班牙沉船就是木制的。我们在内华达山脉用来重建火灾历史的带火疤的木桩，大部分来自科姆斯托克时代（1859—1874）大肆开矿时期砍伐的树木。1859年亨利·科姆斯托克（Henry Comstock）在内华达山脉东坡发现了珍贵的银矿石，随后淘银热出现，这就需要大量的木材用来建造矿山、采矿营地和工厂，以及运送矿石和物资的马车和铁路。全世界都需要木材，不仅用于建造矿山，还要利用它们燃烧产生的高温来冶炼金属。

众多含有木材的考古遗迹，如建筑、水井、工艺品、木炭和木桩，只是人类利用这种无与伦比的自然资源的一个缩影。木材被用来制造狩猎工具和战争用的武器，用来制造工具、家具、运动器材、印刷用刻版和纸张，也使你今天看到这本书成为可能。一直到工业革命和化石燃料普及之前，木材都是家庭和工业的主要能源。

毫不夸张地说，我们所知道的人类文明建立在树木之上。

> 1774 年，詹姆斯·库克（James Cook）船长驾驶皇家学会资助他的船只"决心"号（*Resolution*）在距离南美东部 3700 多千米的南太平洋一个遥远小岛上登陆了。当他接近这个岛屿时，只见几根"直立的柱子"出现在一片黯淡荒凉的风景中。

人类使用木材的悠久历史以及由此导致的森林砍伐活动已经在自然景观、人类社会和整个地球系统中留下了痕迹。过度砍伐森林的一个最明显的例子就是拉帕努伊岛（Rapa Nui，又称复活节岛），这是最后一批被人类定居的岛屿之一。根据从火山口沉积物岩芯中提取的花粉数据我们得知，当霍图·玛图阿（Hotu Matu'a）酋长在 1200 年前后首次踏上复活节岛时，岛上长满了巨大的棕榈树，树木种类约有 20 种。等到第一批欧洲人，即荷兰探险家雅可布·罗赫芬（Jacob Roggeveen）及其团队，在 1722 年到达这里时，一棵树也没有了。在岛上定居后的 500 年中，拉帕努伊人砍光了原有的森林，耗尽了所有本地树木。如果你现在去参观这个岛，能看到的自然植被就只剩下草地和零星的灌木丛了。但是你一路飞到地球上最偏远的岛屿，不太可能只是为了去观察它的自然植被。更可能的情形是，拉帕努伊人巨大的摩艾石像吸引了你。拉帕努伊人大约在 1400 年到 1680 年，用火山凝灰岩（由火山灰压实而形成的岩石）雕刻了 900 多座摩艾石像。其中最大的那座有 9 米多高，80 多吨重。这些雕像的体量对于一个面积不足 430

平方千米的小岛来说实在是过于恢宏了。为了运输和立起这些摩艾石像，拉帕努伊人需要大量木材和树皮制成的绳索。此外，他们还需要木材来建造住房、制作适合航行的独木舟以及烧火取暖。出于所有这些目的，他们在抵达这个岛不久之后就开始砍伐拉帕努伊的森林，砍伐活动在15世纪达到顶峰。到了17世纪，拉帕努伊岛已经成为荒地，就是雅可布·罗赫芬和库克船长在18世纪看到的那副模样，现在仍是如此。

在第八章中我们看到，在拉帕努伊森林被砍伐之前，同样的命运是如何降临到地球另一端的冰岛的。874年，当维京人到来时，冰岛的四分之一被森林所覆盖。但是在不到三个世纪的时间里，维京人几乎砍光了岛上所有的森林，他们将这些木材用作燃料，以及发展建筑和农业。从很早开始，移居而来的维京人就开始从斯堪的纳维亚半岛进口木头。冰岛国家博物馆陈列着反映维京人生活的大量木制工艺品，但是除了13世纪的耶稣受难像外，所有物品都是用进口的木材制作的。尽管后来在森林恢复方面做了很多努力，但直到21世纪初，岛上的森林覆盖率仍然只有1%。冰岛也成了全球树木年轮研究地图上的一处空白。

并非历史上所有的森林砍伐活动都像冰岛和拉帕努伊岛那样极端：原始森林几乎被砍伐殆尽，再也没有恢复过来。但是，木材资源匮乏和森林砍伐的历史确实很长。事实上，现存最古老的文学作品、成书于公元前3000年的《吉尔伽美什史诗》（*Epic of Gilgamesh*）当中便提到了森林砍伐，那是一个名为"森林之旅"的故事。吉尔伽美什是乌鲁克（Uruk）国王，乌鲁克是美索不达米亚的一个城邦，位于今天的伊拉克境内。为了让自己的名字流传百世，吉尔伽美什决定建造一座庙宇、一座宫殿还有城墙，这些需要大量木材。他很幸运，5000 年前美索不达米亚的山坡上有大片雪松林。故事中，吉尔伽美什出发前往源自远古时代的雪松林。他和守护雪松林的怪兽洪巴巴（Humbaba）战斗，那是由美索不达米亚的神祇恩利尔任命的守卫，目的是不让这片森林被贪婪的人类毁掉。尽管赢得了战斗，但吉尔伽美什被这场遭遇激怒，他砍伐了整片雪松林，包括那棵最高的神圣雪松。他用雪松造了一只木筏，沿着幼发拉底河漂流而下，并用神圣雪松的木材为恩利尔神庙建造了大门。

尽管《吉尔伽美什史诗》是神话，吉尔伽美什是一位虚构的国王，但"森林之旅"的故事却真切代表了中东雪松林的命运：被数千年的人类文明和随之而来的森林砍伐所破坏。自吉尔伽美什时代以来，全球人口呈指数增长，我们对木材的需求也随之增长。被砍伐的森林不仅提供了木材和燃料，也为农业生产腾出了地方，来养活不断增长的世界人口。我们在世界各地都能找到这类森林砍伐的例子，但是由于欧洲历史悠久、人口稠密，这种情况得到了特别充分的记录。在罗马时代，由于罗马帝国对木材和木炭的需求激增，意大利的森林几乎被砍伐殆尽。紧随其后的是 15 世纪和 16 世纪伊比利亚半岛的砍伐，当时西班牙一跃成为横跨大西洋的帝国，急需木材来建造往返于美洲和欧洲的舰队。有一种理论认为，西班牙东北部阿拉贡的莫内格罗斯沙漠（Monegros Desert）就是当年大规模森林砍伐的结果。16 世纪 80 年代，费利佩二世

（King Felipe Ⅱ）砍伐了阿拉贡森林来建造用于袭击英国的舰队。1588年对英国的入侵失败后，西班牙大部分地区已没有森林，没有资源来维持这个国家的海上霸权。如今，曾经广袤的阿拉贡森林已化作不毛之地，每年只有当电子音乐迷去参加莫内格罗斯音乐节的时候，这片贫瘠的土地才会充满生命力。

欧洲人应对木材匮乏所做的努力也被历史记录下来。我们从树轮溯源研究得知，北海周围的国家——英国、法国、比利时和荷兰——早在13世纪就开始从波罗的海地区进口木材。从15世纪开始，威尼斯共和国就在其本土实施了精细的森林保护政策，以确保有可持续的木材供应用于建造船只，维护其防洪堤系统。将大片森林资源置于国家保护之下，就这一做法而言，威尼斯共和国在它的时代遥遥领先；有一些森林至今依然存在。在比利时，罗马人、中世纪的城市以及现代的平民和贵族对木材连续不断的需求，使得森林被消耗殆尽，成了名副其实的"木炭森林"。为了满足19世纪工业革命的能源需求，比利时南部的阿登地区种植了生长快速的云杉林。150年后，这些相对年轻、单一树种的林子构成了我成长过程中对森林的认识。在英国，工业革命造成的木材和能源短缺是通过另一种方式解决的：使用煤炭。从中世纪开始，在不列颠群岛，矿物煤（或无烟煤）就作为家用煤被使用，但是大范围的开采始于18世纪中期，那时英国的主要能源开始从木炭向矿物煤转变。英国实业家们提炼出了一种精煤，即焦炭，它足够干净，可用于冶炼钢铁。作为能源的煤和作为建筑材料的钢相结合，为英国的工业革命铺平了道路，世界上其他地方也纷纷开始效仿。

随着工业革命的进行，煤炭逐渐被另外两种化石燃料替代：石油和天然气。这些化石燃料来自植物和浮游生物等有机物，因而包含大量的碳。它们是地球自然碳循环的一部分，经过百万年的缓慢演化存储而成。自然的碳循环是指，碳在大气、陆地和海洋之间交换的过程。陆地和大气之间的碳循环通过两个主要过程来保持平衡：呼吸作用和光合作用。动物（包括人类）和植物将二氧化碳经过呼吸作用排放到大气，然后植物通过光合作用将其从大气中吸收到自身体内。植物用它们从大气中获取的碳来满足叶子、根和枝干的生长。当植物死亡和腐烂时，它们体内的碳沉积到土壤中，土壤中的微生物会利用这些碳，并通过呼吸作用把碳重新排放到大气中。在数百万年的时间尺度上，一些死去的植物和浮游生物以煤炭和天然气的形式进入地球内部。在自然、平衡的碳循环中，储存在岩石圈中的碳通过风化作用和变质作用[1]，以同样缓慢的速度被释放到大气中。

通过燃烧化石燃料，人类活动已经显著加速了碳循环，使其失去了平衡。工业革命以来不到 200 年的时间里，我们已经向大气排放了地球数百万年积累的碳。事实上，和自然碳循环相比，人类向大气中排放碳的速度极快，打破了自然的碳平衡，增强了温室效应。具体表现为上升的全球温度，融化的冰川和冰盖，上升的海平面，越来越多的热浪、干旱和洪涝，极地涡旋，延长的野火季节，等等。实际上，温室效应增强对地球系统的影响非常深远，以

1　由于热、压力和（或）化学过程造成的矿物结构发生的缓慢变化。

至于最近的地质时代被命名为人类世（Anthropocene），在这个时期，人类活动构成了地球系统变化的最强驱动力，在地质记录里留下了永恒的标记。例如，我们生产和消费的无数塑料水瓶和塑料人造树不仅出现在太平洋，堆积成一个巨大的垃圾场；它们还会形成"塑料砾岩"（plastiglomerate），这是一种由熔化的塑料、砂石和玄武岩组成的新型岩石。假设人类今天从这个星球上消失，我们对地球的大气、生物圈、水圈所做的改变在几千年后仍然可以被探测到。

1946年，在美苏冷战导致的核军备竞赛开始之际，美国在热带太平洋中部的比基尼环礁启动了核试验项目。接下来的12年中，23个核装置在这座环礁上被引爆，其中包括一枚名为"布拉沃城堡"的热核氢弹，它产生了1500万吨的爆炸当量，大约是摧毁广岛和长崎的原子弹威力的1000倍。

第二次世界大战之后，全球化、工业化和人口快速增长同时发生，人类对地球的影响急剧增加，化石燃料排放、煤烟、塑料污染和放射性元素的痕迹处处可见。因此，二战末期经常被定义为人类世的开始。地面核弹试验造成的影响巨大，以至于在生物体和地质记录（如树木年轮和湖泊沉积物）中留下了永久的、可追踪的放射性标记。为了阐明核试验和人类世在全球范围内所造成的影响，新南威尔士大学的树轮学家乔纳森·帕尔默（Jonathan Palmer）和他的同事们研究了"地球上最孤独的树"的年轮，那是一棵巨云杉（*Picea sitchensis*），距离它最近的树位于 270 多千米外。[1] 这棵树诞生于 20 世纪初，是新西兰南部的南大洋坎贝尔岛上唯一的树。在测量这棵云杉年轮中的放射性碳含量时，乔纳森发现，1965 年的年轮有一个放射性碳的"核爆峰值"。这是在《部分禁止核试验条约》签署两年后，该条约宣告了地面核弹试验的结束。因此乔纳森的团队将人类世的开端定为 1965 年，这一年，核试验将它们的标记刻在了地球上最偏远也是最孤独的树当中。

但是其他科学家认为，人类对地球这颗行星造成无法消除的影响由来已久，人类世开始的时间也远远早于 1965 年。弗吉尼亚大学的古气候学家比尔·拉迪曼（Bill Ruddiman）是"早期人类世"理论的坚定拥护者。拉迪曼在《犁、瘟疫和石油：人类如何控制气候》（*Plows, plague, and petroleum: How humans took control of climate*）一书中指出，人类活动对地球系统所造成的不可逆转的影响，尤其是对大气的影响，远早于 20 世纪 60 年代，甚至早于工业革命。拉迪曼假设人类对地球的影响在 8000 年前就已开始，先是农业和森林砍伐的首次出现，此后逐渐增强，工业革命之后，这种影响急剧加速。森林砍伐导致因光合作用而储存在树木中的碳减少，造成从大气中吸收的碳比通过呼吸作用释放的碳要少。随着公元前 6000 年左右欧洲东南部的早期农民们砍伐森林，转而种

1　乔纳森钻取树芯的视频，见 https://the conversation.com/anthropocene-began-in-1965-according-to-signs-left-in-the-worlds-loneliest-tree-91993

植农作物，他们就已经开始从自然碳循环中移除光合作用的贡献，从而破坏了碳循环的稳定。大气中二氧化碳的含量随着农业的发展和森林砍伐的加剧而稳步增长。拉迪曼的早期人类世理论还通过揭露森林砍伐影响最黑暗的一面，来进一步说明二氧化碳曲线中的一些小幅下降。洲际尺度的流行病，例如 6 世纪和 14 世纪美洲的瘟疫和被殖民欧洲后天花的流行致使数千万人死亡，数亿公顷农田重新成为森林，土地上的光合作用增强，随之而来的就是大气二氧化碳浓度的暂时下降。

地球科学界对早期人类世理论的争论很激烈，主要是因为无法在过去农业传播和森林砍伐的尺度和速度上达成共识。不过，森林砍伐会导致温室气体增加，进而影响碳循环的变化，这是无可争议的基本原则。在 21 世纪，热带的森林砍伐造成了 30% 的温室效应增幅。好消息是，这项原则反过来也成立：通过增加森林面积，我们可以加强光合作用，从大气中吸收更多的碳，减弱温室效应。我们已经在欧洲看到了这种情况：近代（约 1500—1850），欧洲的许多森林被砍伐，以便发展农业或用于建造活动，例如西班牙砍伐阿拉贡森林去建造舰队。但是从 19 世纪开始，工业革命提供了大量工作机会，人口开始向城市迁移，欧洲西部、中部以及斯堪的纳维亚的许多农村被废弃，森林也渐渐复苏了。这些农村地区或是被周围的森林侵占，或是成为积极地人工造林的场所，就像我的家乡比利时南部那样。因此，虽然直到 1800 年左右，欧洲大陆都在因为森林砍伐而向大气中排放碳，但是大部分排放的碳都在接下来的两个世纪中通过荒地造林（在之前没有森林的土地上种树）和更新造林（在曾经是森林的土地上种树）得到了回收。欧洲的造林活动或许可以就过去森林砍伐造成的碳排放做出弥补，它却无法解决由于化石燃料燃烧而排放到大气中的巨量的碳。

为了抵消燃烧化石燃料排放的温室气体，我们需要尽量减少持续的森林砍伐，并且要在全球尺度上大规模地种植新的森林。这项策略还有其他好处：森林没有污染，它们生产商品（如木材）、提供服务（如生态旅游），这些都是可持续的。此外，增强的温室效应本身可能也有助于我们的造林行动。随着全球温度升高，曾经太冷而无法生长树木的大片土地现在有了造林的潜力。具有这种潜力的典型地区是北美和俄罗斯的北极地区，那里有大片土地可以用来种植新的森林，而且那里的变暖速度比全球平均速度快两到三倍。在如此高的纬度，升高的温度延长了生长季，进一步增强了森林吸收碳的潜力。最后，一些研究考察了碳施肥效应对未来气候变化可能的影响：随着大气中二氧化碳浓度的上升，植物将进行更多的光合作用，并从大气中捕获更多的碳。碳施肥效应的原理类似于给我的宠物狗罗斯科（Roscoe）喂食：如果我把一小碗食物放在罗斯科面前，它将吃完食物，同时保持健康；如果我把一大碗食物放在它的面前，它仍然会将食物吃光，但会长得越来越胖。碳施肥理论假设，树木像罗斯科一样，不太善于自我控制。

不幸的是，解决人为因素造成的气候变化并不只是种更多的树那样简单。我们通过燃烧化石燃料向现在的碳循环增加了自然状态下需要数百万年才能积累形成的碳，然后依赖现在和将来的森林来吸收这些碳，这是一场冒险的赌博。这里涉及很多需要注意的地方。首先，森林生长不仅需要碳，还需要空间、水和营养，例如氮和磷。对水和营养的需求会减弱碳施肥效应：无论你提供给树木多少额外的碳，如果水和氮的含量保持不变，碳施肥效应就会受到限制。其次，新的森林会与粮食生产争夺土地、水和营养。我们不可能将整个星球都种上树，那样就无法养活居住在这里的75亿人。即使在那些更适合种树而不是种大米和土豆的地方，植树造林可能也会产生意想不到的后果。例如，北极的绿化会将大面积的雪白变成深绿，反射的太阳辐射就会变少，从而增强辐射引起的变暖。再次，还要考虑森林扰动。当一场飓风、一场旱灾或者一场野火袭来，数十年甚至几百年精心管护的森林及其固定的碳就会烟消云散。疾病也会像野火一样在森林里横行，导致树木死亡，它们的固碳潜力也随之消失。美洲栗（*Castanea dentata*）这种树曾经在北美东部的森林中非常丰富，而由一种致病性真菌引起的栗疫病在20世纪初无意中传入美国，致使美洲栗大面积迅速死亡。到1940年，栗疫病杀死了这块大陆上大部分的成年美洲栗。森林也会被虫害摧毁，例如山地松甲虫曾经侵袭并杀死了遍布美国西部的大量松树。不幸的是，温度升高不仅延长了树木的生长季，也延长了昆虫活动的时间。

鉴于森林在缓解人为因素引起的气候变化中的重要作用，我们需要充分了解森林固碳方面潜在的警告和危险。国土面积大的国家，像印度和中国，为了遵守他们对国际协议（例如《2015年巴黎气候协定》）的承诺，正在致力于植树造林、退耕还林和减少森林砍伐。这些协议的制定依赖于对森林固碳潜力的准确计算，人们将基于这些结果优化土地利用政策，从而促使碳固存，减缓气候变化。如果我们有办法进入树木内部就好了，就能清楚地看到它们长了多少木材、固定了多少碳，以及随着时间的推移，它们的生长是如何被可获得的水资源、气候变化和森林扰动等因素影响的。

事实上，树轮学家手中就握有一种强有力的工具，可以帮助我们解决全球碳难题。借助树轮采样器，我们可以采集样本，进而研究不同树种、不同年龄的树木在不同类型的土壤和气候条件下的生长量及固碳量；生长季的延长如何影响树木生长；干旱、极端天气和温度增高如何影响树木生长，以及这些影响随着气候变化又将发生怎样的变化；区域野火和虫害发生的频率，以及它们对森林生长会造成多大的影响。树木年轮已经告诉我们，气候变化如何影响了社会的变迁。当过去的文明衰落时，气候变化通常是导致社会环境网络解体的线索之一。一个社会的恢复能力植根于其创造力和适应能力，这最终决定了不利条件将导致社会暂时的退化还是彻底的毁灭。

为了确保人类社会的繁荣发展，人为因素造成的气候变化是我们必须要征服的主要敌人。几个世纪的科学研究成果，让我们得以在人类历史上第一次预见未来的气候变化。树木年轮或喃喃低语或放声大喊所讲述的那些故事，不仅帮助我们了解过去的社会怎样应对突如其来的气候变化，也启发我们去寻找新的方法，来缓解和适应气候变化带来的严重后果。为了探索这一前沿领域并发挥其潜力，树木年轮学家们需要与森林学家、生态学家、地理学家、社会学家、人类学家、生物地球化学家、大气科学家、水文学家和政策制定者等进行合作。我们还有很多工作要做。

未来的钟声响起，我仿佛听到了阿多尼斯的召唤。也许在2022 年，我将组织一个团队，再次造访位于希腊品都斯山脉的斯莫里卡斯峰。我在脑海中憧憬着这次野外考察的画面。我们带上了有史以来最长的树轮采样器，终于钻到了阿多尼斯的髓心。当我走下这座生长着欧洲最古老树木的山峰时，在这个有着 3000 年人类文明的地方，我开始思考这些树的生存，人与树共生和共存的潜力令我感到敬畏。当我眺望蜿蜒起伏的品都斯山脉时，我看到风车在旋转，产生清洁的可再生能源。我看到新种植的树苗正充满活力地从大气中吸收二氧化碳。当我们到达山脚下的萨马里纳小镇时，我看到上次住过的那家旅馆已经在房顶安装了太阳能电池板。晚上，我喝着当地的红酒，向我们的信条致敬：和好朋友一起做好的科学研究。[1] 干杯！

---

1 该信条最先是由瑞士 WSL 的树轮学家保罗·切鲁比尼（Paolo Cherubini）提出的。

致谢

我对那些帮助我将这本书从想法变成现实的人们致以深深的谢意。首先，我要感谢我的编辑，约翰·霍普金斯大学出版社的蒂法尼·加斯巴里尼（Tiffany Gasbarrini），是你让我有了写这本书的想法，并将它最终变成现实。谢谢你，蒂法尼，谢谢你的热情，让我一直没有放弃，走过了这一段艰难的路程。感谢乔安妮·艾伦（Joanne Allen）和埃丝特·罗德里格斯（Esther Rodriguez），感谢约翰·霍普金斯大学出版社的所有成员在出版这本书时对每个细节的付出。我还想谢谢奥利弗·乌贝蒂（Oliver Uberti）热情相助，提出了绝佳的数据可视化想法。

谢谢每一个和我分享树轮故事的人。尤其感谢杰夫·迪安、埃米·赫斯尔、弗里茨·施韦格鲁伯、戴夫·斯塔勒和罗恩·汤纳，谢谢你们不厌其烦地回答我的问题。也感谢克里斯·拜桑、索玛雅·贝尔切瑞、乌尔夫·本根、简·埃斯珀、戴维·弗兰克、克里斯托夫·汉内卡、克劳迪娅·哈特尔、保罗·克鲁西奇和汤姆·斯威特南，谢谢你们让我毫无保留地分享我们的故事。

感谢为这本书提出建议，帮助这本书不断改进的所有正式和非正式的审稿人。感谢凯姆·科科（Kym Coco）、达格玛·德格鲁特（Dagomar Degroot）、卢克·德莱斯（Luc Delesie）、亨利·迪亚斯（Henry Diaz）、保罗·克鲁西奇、珍妮弗·米克斯（Jennifer Mix）、尼尔·佩德森、兰德尔·史密斯（Randall Smith）、彼得·伊德马（Pieter Zuidema）和三位匿名审稿人。深深感谢布莱恩·阿特沃特、迈克·贝利、凯尔·博辛斯基、布伦丹·巴克利、保罗·切鲁比尼、埃德·库克、霍尔格·加特纳（Holger Gärtner）、克里斯·吉特曼、扎基亚·哈桑纳·哈米斯（Zakia Hassan Khamisi）、马尔科姆·休斯、梅兰·勒罗伊、勒坎南（Le Canh Nam）、斯科特·尼克尔斯（Scott Nichols）、夏洛特·皮尔逊（Charlotte Pearson）、汤姆·斯威特南、艾伦·泰勒、威利·泰格尔、马特·赛瑞尔和埃德·赖特（Ed Wright），谢谢你们和我分享数据、图片和参考文献。

感谢国家自然科学基金委对我所做研究的支持（项目号：AGS-1349942），感谢亚利桑那大学的尤德尔中心研究员计划以及教务长作家支持基金会对本书的支持。感谢我的研究团队成员：拉克尔·阿尔法罗－桑切斯、汤姆·德米尔（Tom De Mil）、埃米·赫德森（Amy Hudson）、马特·梅科（Matt Meko）、徐国保（Guobao Xu）、黛安娜·扎莫拉－雷耶斯（Diana Zamora-Reyes）。感谢我的合作者们，谢谢你们在我写作这本书时所给予的包容。

谢谢我所有的朋友，谢谢你们不论何时、不管我想讲多久，都让我随心所欲地讨论树轮的故事。谢谢埃丽卡·比乔（Erica Bigio）、纳萨莉·卡彭特（Nathalie Carpentier）、埃尔斯·德·杰森（Els De Gersem）、巴特·埃克豪特（Bart Eeckhout）、安德烈亚·芬格（Andrea Finger）、蕾切尔·加勒里（Rachel Gallery）、莫伊拉·海恩（Moira Heyn）、克里斯·库彭斯（Kris Kuppens）、戴维·穆尔（David Moore）、汤姆·斯皮塔尔（Tom Spittaels）、西蒙娜·斯托普福德（Simone Stopford）和科瑞恩·范·茨维顿（Corien Van Zweden）。谢谢我的家人，谢谢我的母亲和姐妹一直以来的支持。尤其要谢谢威尔·彼得森（Wil Peterson），是你给了我一个家、一个写作的空间，给了我所有。

树种列表

拉丁名	英文俗名	中文名	所在章节
Adansonia digitata	baobab	猴面包树	3
Castanea dentata	American chestnut	美洲栗	16
Castanea sativa	European chestnut	欧洲栗	3
Cedrus atlantica	Atlas cedar	北非雪松	3，7
Chamaecyparis obtuse	Japanese cypress	日本扁柏	5
Cryptomeria japonica	Japanese cedar	日本柳杉	10
Eucalyptus spp.	eucalypt	桉树	3
Fitzroya cupressoides	alerce	智利乔柏	3
Fokienia hodginsii	Fujian cypress	福建柏	12
Juniperus occidentalis	western juniper	西美圆柏	3
Juniperus spp.	juniper	刺柏	3
Lagarostrobus franklinii	Huon pine	泣松	3
Larix sibirica	Siberian larch	西伯利亚落叶松	12
Macrolobium acaciifolium	arapari	阿拉帕里树（棉檀属）	4
Nothofagus antarctica	Antarctic beech	南青冈	4
Olea europaea	olive	木犀榄	3
Picea abies	Norway spruce	欧洲云杉	3
Picea sitchensis	Sitka spruce	巨云杉	16
Pinus aristata	Rocky Mountain bristlecone pine	刺果松	3
Pinus balfouriana	foxtail pine	狐尾松	3
Pinus cembra	stone pine	瑞士五针松	8

拉丁名	英文俗名	中文名	所在章节
Pinus elliottii	slash pine	湿地松	9
Pinus heldreichii	Bosnian pine	波斯尼亚松	3
Pinus longaeva	bristlecone pine	长寿松	3
Pinus ponderosa	ponderosa pine	西黄松	1
Pinus sibirica	Siberian pine	西伯利亚五针松	12
Pinus sylvestris	Scots pine	欧洲赤松	10
Pinus uncinata	mountain pine	山赤松	6
Populus deltoides	eastern cottonwood	美洲黑杨	3
Populus spp.	cottonwood	杨树	3
Populus tremuloides	quaking aspen	颤杨（欧洲山杨）	3
Prunus cerasus	cherry	酸樱桃（欧洲酸樱桃）	3
Pseudotsuga menziesii	Douglas fir	花旗松	12，13
Quercus douglasii	blue oak	蓝栎	9
Quercus petraea	sessile oak	无梗花栎	4
Quercus robur	European oak	夏栎（欧洲白栎）	4
Sabina przewalskii	Qilian juniper	祁连圆柏	11
Sequoia sempervirens	costal redwood	北美红杉	3
Sequoiadendron giganteum	giant sequoia	巨杉	1
Taxodium distichum	bald cypress	落羽杉	3
Taxodium mucronatum	Montezuma bald cypress	墨西哥落羽杉	12
Taxus baccata	yew	欧洲红豆杉	3
Tectona grandis	teak	柚木	4
Thuja plicata	western red cedar	北美乔柏	10

年轮里的世界史

术语解释

板根（Buttress）：浅根系树木侧面生长的宽大的根，可以阻止树木倒下，也被称为支柱隆起（butt swell）。

北大西洋涛动（North Atlantic Oscillation, NAO）：北大西洋上两个主要的气压中心——亚速尔高压和冰岛低压——之间气压的跷跷板式变化关系。

贝壳年轮学（Sclerochronology）：研究海洋生物硬组织（如软体动物的贝壳、珊瑚和鱼类的耳石）的年际和季节性生长模式的科学。

标志年（Pointer year）：一个区域中大多数树木的年轮都异常窄或宽的年份。

标准树轮年表（Reference tree-ring chronology）：通常利用大量样本得到的、具有绝对精确定年的树轮年表。对来自相同区域的树轮序列进行交叉定年时，可以参考该年表的宽窄变化。

冰期（Glacial）：冰河时期。参见**间冰期**。

冰碛（Moraine）：由冰川运动过程所挟带和搬运的碎屑与岩石构成的堆积物。

超级高压脊（Ridiculously Resilient Ridge）：指造成 2012 至 2016 年加利福尼亚大旱的北太平洋东部持续的反气旋。参见**反气旋**。

超级耀斑（Superflare）：一种非常强烈的太阳耀斑，其产生的能量是普通太阳耀斑的一万倍。参见**太阳耀斑**。

长历法（Long Count calendar）：前哥伦布时期中美洲的多种文明（包括玛雅文明）使用的一种不重复计数、二十进制的历法系统。

大发现时代（Age of Discovery）：指 15 世纪初到 19 世纪末，这一时期欧洲探险家在全世界航行，寻找新的贸易路线，这标志着全球化和欧洲殖民主义的开始。

大房子（Great house）：古普韦布洛人建造的一种巨大的多层建筑。

导管（Vessel）：阔叶树中较大的管状输水细胞。

地表火（Surface fire）：在地表燃烧的强度低、无破坏性的野火。也被称为地面火或低强度火。

地球辐射收支（Earth's radiation budget）：地球从太阳接收的能量与其发射和反射回太空的能量的差值。

地穴（Kiva）：古普韦布洛人用于宗教仪式和政治会议的一种巨大的房屋，通常位于地下。

对流层（Troposphere）：地球表面上方的大气层，高度约10千米。

多雨期（Pluvial）：一段连续多年都具有高降雨量的时期。

厄尔尼诺—南方涛动（El Niño Southern Oscillation, ENSO）：热带太平洋的海水温度每过2至7年发生波动的一种气候振荡模式。一个完整的厄尔尼诺—南方涛动循环包括一次暖相位的厄尔尼诺现象、一次冷相位的拉尼娜现象和一次中间状态。

耳石（Otolith）：脊椎动物内耳中的骨头。贝壳年代学家可以数出鱼类耳石中每年的生长层，并对其进行交义定年，从而提取古气候信息。参见**贝壳年轮学**。

反气旋（Anticyclone）：一种高气压系统，系统内的空气以顺时针（北半球）或逆时针（南半球）方向流动，反气旋通常会带来温暖干燥的天气。

放射性碳同位素定年法（Radiocarbon dating）：通过测量有机物质中剩余的放射性碳含量来对其定年的方法。也被称为碳定年（carbon dating）或碳-14定年（carbon-14 dating）。

浮动年表（Floating chronology）：没有与具有绝对年代的标准年表进行交叉定年的树轮年表，这种年表的年代还不确定。

更新造林（Reforestation）：在那些之前就是森林的土地上自然形成或人为种植森林。

古典期末期（Terminal Classic Period）：古典玛雅时期的最后阶段（约800—950）。

古风暴学（Paleotempestology）：对过去的风暴和热带气旋的研究。

古人类（Hominin）：由所有现代和已灭绝的人类组成的人亚科，是我们的直系祖先，但不包括其他类人猿，例如黑猩猩、大猩猩和红毛猩猩。

古树轮年代学（Paleodendrochronology）：石化木材的树轮研究。

轨道变化（Orbital variations）：地球轨道参数的偏心率、地轴倾斜度和岁差的变化，使得地球气候变化具有10万年、4万年和2万年的周期。

哈德莱环流（Hadley circulation）：将赤道附近的暖空气向极地输送的大气环流。

洪涝年轮（Flood rings）：可以指示树木被春季或夏季洪水淹没的年轮，通常出现在河边生长的树木中。

后向估计（Hindcasting）：在模式中输入已知的过去事件（例如火山爆发），模拟过去事件导致的气候变化，并将模式输出的结果和已知的气候进行比较。

湖岸木桩建筑（Pile dwellings）：新石器时代人们在湖泊或沼泽湿地中打入木桩，而后在木桩上建造的小型住宅。

环孔材（Ring-porous wood）：早材中的导管细胞比晚材中的导管细胞大得多的一种硬木木材，例如栎树的木材。

荒地造林（Afforestation）：在之前未曾有过森林的土地上自然形成或人为种植森林。

火灾强度（Fire intensity）：一场火灾释放的热能。高强度的林冠火非常热，破坏性大。低强度的地表火无法到达树木的林冠层，破坏性小。

火灾缺失（Fire deficit）：大规模人为火灾控制导致的野火减少。参见**斯莫基熊效应**。

火灾发生间隔（Fire return interval）：两场火灾之间的平均时间间隔。

极地涡旋（Polar vortex）：极地附近的低压和冷空气区。当这个区域在冬季扩张时，会给中纬度地区带来极端低温。

急流（Jet streams）：指在地球表面上方约10千米处的对流层顶部附近、环绕地球快速流动的西风。南北半球通常各有两到三股急流。

间冰期（Interglacial）：两次冰期之间相对温暖湿润的气候时期，可以持续数千年。参见**冰期**。

交叉定年（Crossdating）：为了确定树木中每一个年轮或每一片木材的精确年代，对生长于相同气候或区域的树木年轮变化特征（例如树轮宽度）进行对比的过程。

近代时期（Modern Period）[1]：欧洲历史上，中世纪之后、工业革命之前的一段时期（约1500—1800）。

旧石器时代（Paleolithic）：石器时代的早期，从距今约330万年前古人类使用石制工具开始，延续到距今13 000年的中石器时代之前。

可燃物负荷（Fuel load）：森林中为林火提供的可燃物的量。可燃物负荷小通常意味着缓慢而低强度的林火。可燃物负荷大则会造成火势猛烈、破坏性大的林冠火。

可燃物阶梯（Fuel ladder）：使林火从地表蔓延到林冠层的植被。

克隆树（Clonal tree）：通过根蘖进行无性繁殖和扩散的树。

控管烧除（Controlled burn）：有目的地点燃林火。也被称为计划烧除（prescribed fire）。

枯立木（Snag）：直立的死树。

---

1 传统欧洲历史一般分为古代、中世纪和近代。近代对应 modern 一词，用于描述"新时代的开端"。——译者注

里氏震级（Richter scale）：根据地震波的强度对地震震级采取的一种数字分类。

林冠火（Crown fire）：一种能到达树木冠层的强度高、破坏性大的野火。也被称为林分替换火（stand-replacing fire）或高强度火。

罗马过渡期（Roman Transition Period）：指公元250—550年这段长达300年的时期，其间，西罗马帝国从一个社会政治结构复杂的国家转变为一个仅剩残余势力的政权。

罗马气候适宜期（Roman Climate Optimum）：欧洲和北大西洋地区相对温暖的时期（约前300—200）。也被称为罗马温暖期（Roman Warm Period）。

螺旋状生长（Spiral growth）：沿着树干自然发生的螺旋式生长方式，常见于老树。也被称为螺旋纹理。

埋藏木（Sinker wood）：沉入河水和湖泊底部的木头。

猫脸（Cat face）：连续发生的地表火在树干中留下的一连串火疤。

冒名顶替综合征（Impostor syndrome）：一个人无法将已取得的成功归因于自身能力，仿佛冒名顶替了他人的成就，并且总是担心被戳穿的一种心理现象。

煤烟（Soot）：由碳氢化合物不完全燃烧（如煤炭燃烧、内燃机使用、森林火灾和垃圾焚烧）而产生的含有杂质的碳颗粒组成的空气污染物。也被称为黑炭。

民族大迁徙时期（Migration Period）：指公元250—410年，日耳曼部落和匈奴人向罗马帝国的领土大范围迁徙，最终造成了西罗马帝国的衰落。

摩艾石像（Moai）：1400—1680年间，复活节岛的拉帕努伊人用火山凝灰岩雕刻的巨大人形雕像。

平流层（Stratosphere）：地球大气层的一部分，位于对流层之上、中间层之下（大约在地表上方10—50千米处）。

气候重建（Climate reconstruction）：使用代用指标对过去气候变化所做的定量估计。

气候代用记录（Proxy climate records）：过去的气候变化信息被保存到自然或人为的记录中，利用这些记录可以获得过去的气候信息。

气候工程（Climate engineering）：为了减缓温室气体增加所产生的影响，人类有意对地球系统进行的大规模干预。也被称为气候干预或地球工程。参见**太阳辐射管理**。

气候决定论（Climatic determinism）：18世纪的一种理论，认为气候和环境对人类活动有决定性影响。

气溶胶（Aerosol）：以细雾状悬浮在气体介质中的固态或液态微粒。

气旋（Cyclone）：一种低气压系统，系统内的空气以逆时针（北半球）或顺时针（南半球）方向流动，气旋通常会带来寒冷湿润的天气。

器测气候记录（Instrumental climate record）：世界各地气象站使用仪器测量的每天的气象数据。

浅色年轮（Light rings）：包含晚材细胞的年轮，这些细胞直径较小，细胞壁也没有增厚。

全球气候模式（Global climate model）：使用物理学、流体力学和化学理论来模拟复杂气候系统的计算机运算程序。也被称为大气环流模式（general circulation model，GCM）。

全球异常（Global weirding）：温室效应增强和全球增温造成的反常气候和天气（例如热浪、干旱、飓风、暴雪）。

全新世（Holocene）：我们当前所处的地质时代，开始于末次冰期结束后，约11 650 年前。

缺轮（Missing ring）：在极度干旱的年份，有些树木会放弃生长，直接把生长年轮这一步跳过去，导致年轮缺失。缺轮可以通过交叉定年来识别。

人类世（Anthropocene）：当前所处的地质时代。这一地质时代内，地球系统主要受人类活动的影响。人类世的起始时间仍存在争议，但通常认为与第二次世界大战的结束有关，原因是当时大规模的地面核试验产生了巨大影响，在生物体和地质记录中形成了一个永久的可追踪的放射性标志层。

石化木（Petrified wood）：即化石木，其木材中的有机物被矿物所取代，但仍然保留了木材最初的结构。

时间序列（Time series）：由一系列按时间先后顺序排列的连续数据所组成的序列。

树轮采样器（Increment borer）：一种从现生树木或木材中钻取样芯且不会伤害树木的特制工具。

树轮地貌学（Dendrogeomorphology）：树轮年代学的一个分支学科，使用树木年轮数据来研究地球系统的过程，例如侵蚀和冰川运动。

树轮考古学（Dendroarcheology）：使用树木年轮方法研究历史建筑、考古材料、文物、乐器和艺术品的年代。

树轮年表（Tree-ring chronology）：利用从同一地点或者多个地点采集的多棵树的样本，基于经过交叉定年的树轮数据得到的时间序列。

树轮气候学（Dendroclimatology）：使用树木年轮数据研究过去的气候。

树轮签名（Tree-ring signature）：在一个区域的树轮变化模式中，由连续的窄轮和宽轮组成的可识别的独特序列。

树轮溯源（Dendroprovenancing）：使用树木年轮数据确定制造一个物品所用木材的来源地。

树轮序列（Tree-ring series）：来自一棵树的树轮数据的时间序列。

树木砍伐年代（Tree-harvest date）：考古木材样本最外层树木年轮的形成年代，指示树木倒下或被砍伐的年份。

霜冻年轮（Frost rings）：树木生长季间发生霜冻时形成的年轮，包含畸形的木材细胞。

水位计（Nilometer）：用于测量每年汛期尼罗河水位的装置，包括三种类型：圆柱、楼梯和与涵洞相连的深井。

斯莫基熊效应（Smokey Bear effect）：美国西部 20 世纪进行的大范围火灾控制所产生的效应。频繁的地表火是森林系统的自然现象，然而在斯莫基熊效应的作用下，地表火的发生长期受到阻止，造成长达一个世纪的林火缺失，酿成了规模更大、破坏性更强的火灾。参见**火灾缺失**。

太阳辐射管理（Solar radiation management, SRM）：在太阳辐射到达地球表面之前将其反射回去的一种气候工程方法，例如，向平流层人工注入硫酸盐气溶胶，模拟火山喷发导致的冷却效应。参见**气候工程**。

太阳黑子（Sunspots）：太阳表面温度降低、有磁场活动的区域，看起来比周围的区域暗。

太阳耀斑（Solar flare）：太阳表面发生的剧烈的辐射爆发，会干扰地球的电磁场。

碳施肥效应（Carbon fertilization）：由于大气中二氧化碳浓度上升，植物光合作用增强，从大气中吸收并固定更多的碳的现象。

同位素（Isotopes）：同一化学元素的多种形式，其化学性质相同，但相对原子质量不同。同位素可分为稳定同位素（例如 ^{12}C、^{13}C）或放射性同位素（例如 ^{14}C）。参见**宇生核素**。

脱皮（Strip barking）：常见于古树的一种树木形态，这种情况下只有部分树干留有生命力的形成层组织。

晚材（Latewood）：夏季末，生长季即将结束时形成的木材。

晚古小冰期（Late Antique Little Ice Age, LALIA）：公元 536 年到 660 年席卷整个欧亚大陆的严寒期。

伪轮（False ring）：一些树木（例如生长在夏季风气候区的树木）在某些年份形成的一个以上的年轮。通过在显微镜下分析年轮的边界可以识别伪轮：伪轮的边界到下一个年轮的过渡是渐变的，而真正的年轮边界过渡是突变的。

先锋树种（Pioneer trees）：通常指那些在裸地上最早出现且生长快速的树种。

限制因子（Limiting factor）：决定树木生长年际变化的环境因子。

小冰期（Little Ice Age）：中世纪气候异常期之后、人为气候增暖期之前的一段相对寒冷的时期（约1500—1850）。

新石器时代（Neolithic）：石器时代的最后一个阶段，大约开始于公元前6000年。

形成层（Cambium）：树木的树皮和木材之间的活细胞层，可以形成新的木材和树皮细胞。

修正后的麦加利烈度级别（Modified Mercalli scale）：没有仪器测量的情况下，衡量地震造成的摇晃强度的地震烈度级别。最初的麦加利烈度级别于1902年提出，修正后的级别是其改进版。

雪水当量（Snow Water Equivalent，SWE）：一种常用的积雪测量方式，反映了积雪中所包含的水量。

亚化石（Subfossil）：部分（而非完全）石化；要么是没有经过足够长的时间，要么是保存条件不理想，无法完全石化。

遥相关（Teleconnection）：距离很远（通常相距数千千米）的气候现象之间的因果联系。

遗产树（Heritage tree）：通常指具有独特文化或历史价值，高大、古老、单独存在的树木。

宇生核素（Cosmogenic isotopes）：高能量宇宙射线（例如太阳耀斑）产生的同位素。参见**同位素**、**太阳耀斑**。

早材（Earlywood）：在春天生长的木材。

中石器时代（Mesolithic）：石器时代的中期，处于旧石器时代和新石器时代之间，在欧洲的时间跨度为公元前13 000年到公元前3000年。参见**新石器时代**、**旧石器时代**。

中世纪暖期（Medieval Warm Period）：中世纪气候异常期的旧称，是以欧洲为中心的描述。

中世纪气候异常期（Medieval Climate Anomaly）：欧洲气候历史上相对温暖的时期（约900—1250），主要体现在北大西洋地区。

最大晚材密度（Maximum latewood density）：晚材部分的最大密度，反映了树木在生长季结束时细胞增厚的程度。

参考书目

引言

Čufar, K., Beuting, M., Demšar, B., and Merela, M. 2017. Dating of violins—The interpretation of dendrochronological reports. *Journal of Cultural Heritage* 27, S44–S54.

第一章　沙漠中的树

Douglass, A. E. 1914. A method of estimating rainfall by the growth of trees. *Bulletin of the American Geographical Society* 46 (5), 321–35.

Douglass, A. E. 1917. Climatic records in the trunks of trees. *American Forestry* 23 (288), 732–35.

Douglass, A. E. 1929. The secret of the Southwest solved with talkative tree rings. *National Geographic*, December, 736–70.

Hawley, F., Wedel, W. M., and Workman, E. J. 1941. *Tree-ring analysis and dating in the Mississippi drainage*. Chicago: University of Chicago Press.

Lockyer, J. N., and Lockyer, W. J. L. 1901. On solar changes of temperature and variations in rainfall in the region surrounding the Indian Ocean. *Proceedings of the Royal Society of London* 67, 409–31.

Lowell, P. 1895. Mars: The canals I. *Popular Astronomy* 2, 255–61.

Swetnam, T. W., and Brown, P. M. 1992. *Oldest known conifers in the southwestern United States: Temporal and spatial patterns of maximum age. Old growth forests in the Southwest and Rocky Mountain regions*. USDA Forest Service General Technical Report RM-213, 24–38. Fort Collins, CO: USDA Forest Service.

Webb, G. E. 1983. *Tree rings and telescopes: The scientific career of A. E. Douglass*. Tucson: University of Arizona Press.

第二章 我在非洲数年轮

Dawson, A., Austin, D., Walker, D., Appleton, S., Gillanders, B. M., Griffin, S. M., Sakata, C., and Trouet, V. 2015. A tree-ring based reconstruction of early summer precipitation in southwestern Virginia (1750–1981). *Climate Research* 64 (3), 243–56.

Fritts, H. C. 1976. *Tree rings and climate.* London: Academic.

Trouet, V., Haneca, K., Coppin, P., and Beeckman, H. 2001. Tree ring analysis of Brachystegia spiciformis and Isoberlinia tomentosa: Evaluation of the ENSO-signal in the miombo woodland of eastern Africa. *IAWA Journal* 22 (4), 385–99.

第三章 阿多尼斯、玛土撒拉和普罗米修斯

Bevan-Jones, R. 2002. *The ancient yew: A history of Taxus baccata.* Macclesfield, Cheshire: Windgather.

Brandes, R. 2007. *Waldgrenzen griechischer Hochgebirge: Unter besonderer Berück-sichtigung des Taygetos, Südpeloponnes (Walddynamik, Tannensterben, Dendro-chronologie).* Erlangen-Nürnberg: Friedrich Alexander Universität.

Ferguson, C. W. 1968. Bristlecone pine: Science and esthetics: A 7100-year tree-ring chronology aids scientists; old trees draw visitors to California mountains. *Science* 159 (3817), 839–46.

Klippel, L., Krusic, P. J., Konter, O., St. George, S., Trouet, V., and Esper, J. 2019. A 1200+ year reconstruction of temperature extremes for the northeastern Mediterranean region. *International Journal of Climatology* 39 (4), 2336–50.

Konter, O., Krusic, P. J., Trouet, V., and Esper, J. 2017. Meet Adonis, Europe's oldest dendrochronologically dated tree. *Dendrochronologia* 42, 12.

Stahle, D. W., Edmondson, J. R., Howard, I. M., Robbins, C. R., Griffin, R. D., Carl, A., Hall, C. B., Stahle, D. K., and Torbenson, M. C. A. 2019. Longevity, climate sensitivity, and conservation status of wetland trees at Black River, North Carolina. *Environmental Research Communications* 1 (4), 041002.

第四章 快乐的树

Berlage, H. P. 1931. On the relationship between thickness of tree rings of Djati (teak) trees and rainfall on Java. *Tectona* 24, 939–53.

Bryson, R. A., and Murray, T. 1977. *Climates of hunger: Mankind and the world's changing weather.* Madison: University of Wisconsin Press.

De Micco, V., Campelo, F., De Luis, M., Bräuning, A., Grabner, M., Battipaglia, G., and Cherubini, P. 2016. Intra-annual density fluctuations in tree rings: How, when, where, and why. *IAWA Journal* 37 (2), 232–59.

Francis, J. E. 1986. Growth rings in Cretaceous and Tertiary wood from Antarctica and their palaeoclimatic implications. *Palaeontology* 29 (4), 665–84.

Friedrich, M., Remmele, S., Kromer, B., Hofmann, J., Spurk, M., Kaiser, K. F., Orcel, C., and Küppers, M. 2004. The 12,460-year Hohenheim oak and pine tree-ring chronology from central Europe—A unique annual record for radiocarbon calibration and paleoenvironment reconstructions. *Radiocarbon* 46 (3), 1111–22.

Pilcher, J. R., Baillie, M. G., Schmidt, B., and Becker, B. 1984. A 7,272-year tree-ring chronology for western Europe. *Nature* 312 (5990), 150

Schöngart, J., Piedade, M. T. F., Wittmann, F., Junk, W. J., and Worbes, M. 2005. Wood growth patterns of Macrolobium acaciifolium (Benth.) Benth. (Fabaceae) in Amazonian black-water and white-water floodplain forests. *Oecologia* 145 (3), 454–61.

Silverstein, S., Freeman, N., and Kennedy, A. P. 1964. *The giving tree.* New York: Harper & Row.

第五章　石器时代、瘟疫和埋在城市下方的沉船

Billamboz, A. 2004. Dendrochronology in lake-dwelling research. In *Living on the lake in prehistoric Europe: 150 years of lake-dwelling research*, edited by F. Menotti, 117–31. New York: Routledge.

Büntgen, U., Tegel, W., Nicolussi, K., McCormick, M., Frank, D., Trouet, V., Kaplan, J. O., Herzig, F., Heussner, K. U., Wanner, H., Luterbacher, J., and Esper, J. 2011. 2500 years of European climate variability and human susceptibility. *Science* 331 (6017), 578–82.

Daly, A. 2007. The Karschau ship, Schleswig Holstein: Dendrochronological results and timber provenance. *International Journal of Nautical Archaeology* 36 (1), 155–66.

Haneca, K., Wazny, T., Van Acker, J., and Beeckman, H. 2005. Provenancing Baltic timber from art historical objects: Success and limitations. *Journal of Archaeological Science* 32 (2), 261–71.

Hillam, J., Groves, C. M., Brown, D. M., Baillie, M. G. L., Coles, J. M., and Coles, B. J. 1990. Dendrochronology of the English Neolithic. *Antiquity* 64 (243), 210–20.

Martin-Benito, D., Pederson, N., McDonald, M., Krusic, P., Fernandez, J. M., Buckley, B., Anchukaitis, K. J., D'Arrigo, R., Andreu-Hayles, L., and Cook, E. 2014. Dendrochronological dating of the World Trade Center ship, Lower Manhattan, New York City. *Tree-Ring Research* 70 (2), 65–77.

Miles, D. W. H., and Bridge, M. C. 2005. *The tree-ring dating of the early medieval doors at Westminster Abbey, London.* English Heritage Centre for Archaeology, Report 38/2005. London: English Heritage.

Pearson, C. L., Brewer, P. W., Brown, D., Heaton, T. J., Hodgins, G. W., Jull, A. T., Lange, T., and Salzer, M. W. 2018. Annual radiocarbon record indicates 16th century BCE date for the Thera eruption. *Science Advances* 4 (8), eaar8241.

Reimer, P. J., Bard, E., Bayliss, A., Beck, J. W., Blackwell, P. G., Ramsey, C. B., Buck, C.E., Cheng, H., Edwards, R. L., Friedrich, M., and Grootes, P. M. 2013. Int- Cal13 and Marine13 radiocarbon age calibration curves 0–50,000 years cal BP. *Radiocarbon* 55 (4), 1869–87.

Slayton, J. D., Stevens, M. R., Grissino-Mayer, H. D., and Faulkner, C. H. 2009. The historical dendroarchaeology of two log structures at the Marble Springs Historic Site, Knox County, Tennessee, USA. *Tree-Ring Research* 65 (1), 23–36.

Tegel, W., Elburg, R., Hakelberg, D., Stäuble, H., and Büntgen, U. 2012. Early Neolithic water wells reveal the world's oldest wood architecture. *PloS One* 7 (12), e51374.

第六章　曲棍球杆经典曲线

Bradley, R. S. 2011. *Global warming and political intimidation: How politicians cracked down on scientists as the earth heated up.* Amherst: University of Massachusetts Press.

Büntgen, U., Frank, D., Grudd, H., and Esper, J. 2008. Long-term summer temperature variations in the Pyrenees. *Climate Dynamics* 31 (6), 615–31.

Büntgen, U., Frank, D., Trouet, V., and Esper, J. 2010. Diverse climate sensitivity of Mediterranean tree-ring width and density. *Trees* 24 (2), 261–73.

Mann, M. E., Bradley, R. S., and Hughes, M. K. 1998. Global-scale temperature patterns and climate forcing over the past six centuries. *Nature* 392 (6678), 779.

Mann, M. E., Bradley, R. S., and Hughes, M. K. 1999. Northern Hemisphere temperatures during the past millennium: Inferences, uncertainties, and limitations. *Geophysical Research Letters* 26 (6), 759–62.

Oreskes, N., and Conway, E. M. 2011. *Merchants of doubt: How a handful of scientists obscured the truth on issues from tobacco smoke to global warming*. New York: Bloomsbury.

第七章 变幻之风

Esper, J., Frank, D., Büntgen, U., Verstege, A., Luterbacher, J., and Xoplaki, E. 2007. Long‑term drought severity variations in Morocco. *Geophysical Research Letters* 34 (17), L07711.

Frank, D. C., Esper, J., Raible, C. C., Büntgen, U., Trouet, V., Stocker, B., and Joos, F. 2010. Ensemble reconstruction constraints on the global carbon cycle sensitivity to climate. *Nature* 463 (7280), 527.

Frank, D. C., Esper, J., Zorita, E., and Wilson, R. 2010. A noodle, hockey stick, and spaghetti plate: A perspective on high-resolution paleoclimatology. *Wiley Interdisciplinary Reviews: Climate Change* 1 (4), 507–16.

Lamb, H. H. 1965. The early medieval warm epoch and its sequel. *Palaeogeography, Palaeoclimatology, Palaeoecology* 1, 13–37.

Proctor, C. J., Baker, A., Barnes, W. L., and Gilmour, M. A. 2000. A thousand year speleothem proxy record of North Atlantic climate from Scotland. *Climate Dynamics* 16 (10–11), 815–20.

Trouet, V., Esper, J., Graham, N. E., Baker, A., Scourse, J. D., and Frank, D. C. 2009. Persistent positive North Atlantic Oscillation mode dominated the medieval climate anomaly. *Science* 324 (5923), 78–80.

第八章 凛冬将至

Brázdil, R., Kiss, A., Luterbacher, J., Nash, D. J., and Řezníčková, L. 2018. Documentary data and the study of past droughts: A global state of the art. *Climate of the Past* 14 (12), 1915–60.

Degroot, D. 2018. Climate change and society in the 15th to 18th centuries. *Wiley Interdisciplinary Reviews: Climate Change* 9 (3), e518.

Fagan, B. 2000. *The Little Ice Age*. New York: Basic Books.

Le Roy, M., Nicolussi, K., Deline, P., Astrade, L., Edouard, J. L., Miramont, C., and Arnaud, F. 2015. Calendar-dated glacier variations in the western European Alps during the Neoglacial: The Mer de Glace record, Mont Blanc massif. *Quaternary Science Reviews* 108, 1–22.

Le Roy Ladurie, E. 1971. *Times of feast, times of famine: A history of climate since the year 1000*. New York: Doubleday.

Ludlow, F., Stine, A. R., Leahy, P., Murphy, E., Mayewski, P. A., Taylor, D., Killen, J., Baillie, M. G., Hennessy, M., and Kiely, G. 2013. Medieval Irish chronicles reveal persistent volcanic forcing of severe winter cold events, 431–1649 CE. *Environmental Research Letters* 8 (2), 024035.

Magnusson, M., and Pálsson, H. 1965. *The Vinland Sagas: Grœnlendiga Saga and Eirik's Saga*. Harmondsworth: Penguin.

Nelson, M. C., Ingram, S. E., Dugmore, A. J., Streeter, R., Peeples, M. A., McGovern, T. H., Hegmon, M., Arneborg, J., Kintigh, K. W., Brewington, S., and Spielmann, K. A. 2016. Climate challenges, vulnerabilities, and food security. *Proceedings of the National Academy of Sciences* 113 (2), 298–303.

第九章　树木、飓风和海难

Belmecheri, S., Babst, F., Wahl, E. R., Stahle, D. W., and Trouet, V. 2016. Multi-century evaluation of Sierra Nevada snowpack. *Nature Climate Change* 6 (1), 2.

Black, B. A., Sydeman, W. J., Frank, D. C., Griffin, D., Stahle, D. W., García-Reyes, M., Rykaczewski, R. R., Bograd, S. J., and Peterson, W. T. 2014. Six centuries of variability and extremes in a coupled marine-terrestrial ecosystem. *Science* 345 (6203), 1498–1502.

Butler, P. G., Wanamaker, A. D., Scourse, J. D., Richardson, C. A., and Reynolds, D. J. 2013. Variability of marine climate on the North Icelandic Shelf in a 1357-year proxy archive based on growth increments in the bivalve *Arctica islandica*. *Palaeogeography, Palaeoclimatology, Palaeoecology* 373, 141–51.

Griffin, D., and Anchukaitis, K. J. 2014. How unusual is the 2012–2014 California drought? *Geophysical Research Letters* 41 (24), 9017–23.

Marx, R. F. 1987. *Shipwrecks in the Americas*. New York: Crown.

Stahle, D. W., Griffin, R. D., Meko, D. M., Therrell, M. D., Edmondson, J. R., Cleaveland, M. K., Stahle, L. N., Burnette, D. J., Abatzoglou, J. T., Redmond, K. T., and Dettinger, M. D. 2013. The ancient blue oak woodlands of California: Longevity and hydroclimatic history. *Earth Interactions* 17 (12), 1–23.

Trouet, V., Harley, G. L., and Domínguez-Delmás, M. 2016. Shipwreck rates reveal Caribbean tropical cyclone response to past radiative forcing. *Proceedings of the National Academy of Sciences* 13 (12), 3169–74.

第十章 幽灵、孤儿和天外来客

Atwater, B. F., Musumi-Rokkaku, S., Satake, K., Tsuji, Y., Ueda, K., and Yamaguchi, K. 2016. *The orphan tsunami of 1700: Japanese clues to a parent earthquake in North America*. Seattle: University of Washington Press.

Briffa, K. R., Jones, P. D., Schweingruber, F. H., and Osborn, T. J. 1998. Influence of volcanic eruptions on Northern Hemisphere summer temperature over the past 600 years. *Nature* 393 (6684), 450.

LaMarche, V. C., Jr, and Hirschboeck, K. K. 1984. Frost rings in trees as records of major volcanic eruptions. *Nature* 307 (5947), 121.

Manning, J. G., Ludlow, F., Stine, A. R., Boos, W. R., Sigl, M., and Marlon, J. R. 2017. Volcanic suppression of Nile summer flooding triggers revolt and constrains interstate conflict in ancient Egypt. *Nature Communications* 8 (1), 900.

Miyake, F., Nagaya, K., Masuda, K., and Nakamura, T. 2012. A signature of cosmic-ray increase in AD 774–775 from tree rings in Japan. *Nature* 486 (7402), 240.

Mousseau, T. A., Welch, S. M., Chizhevsky, I., Bondarenko, O., Milinevsky, G., Tedeschi, D. J., Bonisoli-Alquati, A., and Møller, A. P. 2013. Tree rings reveal extent of exposure to ionizing radiation in Scots pine *Pinus sylvestris*. *Trees* 27 (5), 1443–53.

Munoz, S. E., Giosan, L., Therrell, M. D., Remo, J. W., Shen, Z., Sullivan, R. M., Wiman, C., O'Donnell, M., and Donnelly, J. P. 2018. Climatic control of Mississippi River flood hazard amplified by river engineering. *Nature* 556 (7699), 95.

Pang, K. D. 1991. The legacies of eruption: Matching traces of ancient volcanism with chronicles of cold and famine. *The Sciences* 31 (1), 30–35.

Sigl, M., Winstrup, M., McConnell, J. R., Welten, K. C., Plunkett, G., Ludlow, F., Büntgen, U., Caffee, M., Chellman, N., Dahl-Jensen, D., and Fischer, H. 2015. Timing and climate forcing of volcanic eruptions for the past 2,500 years. *Nature* 523 (7562), 543.

Therrell, M. D., and Bialecki, M. B. 2015. A multi-century tree-ring record of spring flooding on the Mississippi River. *Journal of Hydrology* 529, 490–98.

Vaganov, E. A., Hughes, M. K., Silkin, P. P., and Nesvetailo, V. D. 2004. The Tunguska event in 1908: Evidence from tree-ring anatomy. *Astrobiology* 4 (3), 391–99.

第十一章 罗马帝国的衰落

Baker, A., Hellstrom, J. C., Kelly, B. F., Mariethoz, G., and Trouet, V. 2015. A composite annual-resolution stalagmite record of North Atlantic climate over the last three millennia. *Scientific Reports* 5, 10307.

Büntgen, U., Myglan, V. S., Ljungqvist, F. C., McCormick, M., Di Cosmo, N., Sigl, M., Jungclaus, J., Wagner, S., Krusic, P. J., Esper, J., and Kaplan, J. O. 2016. Cooling and societal change during the Late Antique Little Ice Age from 536 to around 660 AD. *Nature Geoscience* 9 (3), 231–36.

Büntgen, U., Tegel, W., Nicolussi, K., McCormick, M., Frank, D., Trouet, V., Kaplan, J. O., Herzig, F., Heussner, K. U., Wanner, H., Luterbacher, J., and Esper, J. 2011. 2500 years of European climate variability and human susceptibility. *Science* 331 (6017), 578–82.

Diaz, H., and Trouet, V. 2014. Some perspectives on societal impacts of past climatic changes. *History Compass* 12 (2), 160–77.

Dull, R. A., Southon, J. R., Kutterolf, S., Anchukaitis, K. J., Freundt, A., Wahl, D. B., Sheets, P., Amaroli, P., Hernandez, W., Wiemann, M. C., and Oppenheimer, C. 2019. Radiocarbon and geologic evidence reveal Ilopango volcano as source of the colossal 'mystery' eruption of 539/40 CE. *Quaternary Science Reviews* 222, 105855.

Harper, K. 2017. *The fate of Rome: Climate, disease, and the end of an empire.* Princeton, NJ: Princeton University Press.

Helama, S., Arppe, L., Uusitalo, J., Holopainen, J., Mäkelä, H. M., Mäkinen, H., Mielikäinen, K., Nöjd, P., Sutinen, R., Taavitsainen, J. P., and Timonen, M. 2018. Volcanic dust veils from sixth century tree-ring isotopes linked to reduced irradiance, primary production and human health. *Scientific Reports* 8 (1), 1339.

Sheppard, P. R., Tarasov, P. E., Graumlich, L. J., Heussner, K. U., Wagner, M., Österle, H., and Thompson, L. G. 2004. Annual precipitation since 515 BC reconstructed from living and fossil juniper growth of northeastern Qinghai Province, China. *Climate Dynamics* 23 (7–8), 869–81.

Soren, D. 2002. *Malaria, witchcraft, infant cemeteries, and the fall of Rome.* San Diego: Department of Classics and Humanities, San Diego State University.

Soren, D. 2003. Can archaeologists excavate evidence of malaria? *World Archaeology* 35 (2), 193–209.

Stothers, R. B., and Rampino, M. R. 1983. Volcanic eruptions in the Mediterranean before AD 630 from written and archaeological sources. *Journal of Geophysical Research: Solid Earth* 88 (B8), 6357–71.

第十二章 我们所知的世界尽头

Acuna-Soto, R., Stahle, D. W., Therrell, M. D., Chavez, S. G., and Cleveland, M. K. 2005. Drought, epidemic disease, and the fall of classic period cultures in Meso-America (AD 750–950): Hemorrhagic fevers as a cause of massive population loss. *Medical Hypotheses* 65 (2), 405–9.

Buckley, B. M., Anchukaitis, K. J., Penny, D., Fletcher, R., Cook, E. R., Sano, M., Wichienkeeo, A., Minh, T. T., and Hong, T. M. 2010. Climate as a contributing factor in the demise of Angkor, Cambodia. *Proceedings of the National Academy of Sciences* 107 (15), 6748–52.

Di Cosmo, N., Hessl, A., Leland, C., Byambasuren, O., Tian, H., Nachin, B., Pederson, N., Andreu-Hayles, L., and Cook, E. R. 2018. Environmental stress and steppe nomads: Rethinking the history of the Uyghur Empire (744–840) with paleoclimate data. *Journal of Interdisciplinary History* 48 (4), 439–63.

Hessl, A. E., Anchukaitis, K. J., Jelsema, C., Cook, B., Byambasuren, O., Leland, C., Nachin, B., Pederson, N., Tian, H., and Hayles, L. A. 2018. Past and future drought in Mongolia. *Science Advances* 4 (3), e1701832.

Huntington, E. 1917. Maya civilization and climate changes. Paper presented at the XIX International Congress of Americanists, Washington, DC.

Pederson, N., Hessl, A. E., Baatarbileg, N., Anchukaitis, K. J., and Di Cosmo, N. 2014. Pluvials, droughts, the Mongol Empire, and modern Mongolia. *Proceedings of the National Academy of Sciences* 111 (12), 4375–79.

Sano, M., Buckley, B. M., and Sweda, T. 2009. Tree-ring based hydroclimate reconstruction over northern Vietnam from Fokienia hodginsii: Eighteenth century mega-drought and tropical Pacific influence. *Climate Dynamics* 33 (2–3), 331.

Stahle, D. W., Diaz, J. V., Burnette, D. J., Paredes, J. C., Heim, R. R., Fye, F. K., Soto, R. A., Therrell, M. D., Cleaveland, M. K., and Stahle, D. K. 2011. Major Meso-american droughts of the past millennium. *Geophysical Research Letters* 38, L05703.

Therrell, M. D., Stahle, D. W., and Acuna-Soto, R. 2004. Aztec drought and the "curse of one rabbit." *Bulletin of the American Meteorological Society* 85 (9),

1263–72.

第十三章　西部往事

American Association for the Advancement of Science. 1921. The Pueblo Bonito expedition of the National Geographic Society. *Science* 54 (1402), 458.

Bocinsky, R. K., Rush, J., Kintigh, K. W., and Kohler, T. A. 2016. Exploration and exploitation in the macrohistory of the pre-Hispanic Pueblo Southwest. *Science Advances* 2 (4), e1501532.

Cook, E. R., Woodhouse, C. A., Eakin, C. M., Meko, D. M., and Stahle, D. W. 2004. Long-term aridity changes in the western United States. *Science* 306 (5698), 1015–18.

Dean, J. S. 1967. *Chronological analysis of Tsegi phase sites in northeastern Arizona.* Papers of the Laboratory of Tree-Ring Research, No. 3. Tucson: University of Arizona Press.

Dean, J. S., and Warren, R. L. 1983. Dendrochronology. In *The architecture and dendrochronology of Chetro Ketl,* edited by S. H. Lekson, 105–240. Reports of the Chaco Center, No. 6. Albuquerque: National Park Service.

Douglass, A. E. 1935. *Dating Pueblo Bonito and other ruins of the Southwest.* Pueblo Bonito Series, No. 1. Washington, DC: National Geographic Society.

Frazier, K. 1999. *People of Chaco: A canyon and its culture.* New York: Norton.

Guiterman, C. H., Swetnam, T. W., and Dean, J. S. 2016. Eleventh-century shift in timber procurement areas for the great houses of Chaco Canyon. *Proceedings of the National Academy of Sciences* 113 (5), 1186–90.

Meko, D. M., Woodhouse, C. A., Baisan, C. A., Knight, T., Lukas, J. J., Hughes, M. K., and Salzer, M. W. 2007. Medieval drought in the upper Colorado River basin. *Geophysical Research Letters* 34 (10), L10705.

Stahle, D. W., Cleaveland, M. K., Grissino-Mayer, H. D., Griffin, R. D., Fye, F. K., Therrell, M. D., Burnette, D. J., Meko, D. M., and Villanueva Diaz, J. 2009. Cool- and warm-season precipitation reconstructions over western New Mexico. *Journal of Climate* 22 (13), 3729–50.

Stockton, C. W., and Jacoby, G. C. 1976. *Long-term surface water supply and streamflow trends in the Upper Colorado River basin.* Lake Powell Research Project Bulletin No. 18. Arlington, VA: National Science Foundation.

Windes, T. C., and McKenna, P. J. 2001. Going against the grain: Wood production in Chacoan society. *American Antiquity* 66 (1), 119–40.

Woodhouse, C. A., Meko, D. M., MacDonald, G. M., Stahle, D. W., and Cook, E. R. 2010. A 1,200-year perspective of 21st century drought in southwestern North America. *Proceedings of the National Academy of Sciences* 107 (50), 21283–88.

第十四章 风的记忆

Alfaro-Sánchez, R., Nguyen, H., Klesse, S., Hudson, A., Belmecheri, S., Köse, N., Diaz, H. F., Monson, R. K., Villalba, R., and Trouet, V. 2018. Climatic and volcanic forcing of tropical belt northern boundary over the past 800 years. *Nature Geoscience* 1 (12), 933–38.

Cook, B. I., Williams, A. P., Mankin, J. S., Seager, R., Smerdon, J. E., and Singh, D. 2018. Revisiting the leading drivers of Pacific coastal drought variability in the contiguous United States. *Journal of Climate* 31 (1), 25–43.

Fang, J. Q. 1992. Establishment of a data bank from records of climatic disasters and anomalies in ancient Chinese documents. *International Journal of Climatology* 12 (5), 499–519.

Li, J., Xie, S. P., Cook, E. R., Morales, M. S., Christie, D. A., Johnson, N. C., Chen, F., D'Arrigo, R., Fowler, A. M., Gou, X, and Fang, K. 2013. El Niño modulations over the past seven centuries. *Nature Climate Change* 3 (9), 822.

Shen, C., Wang, W. C., Hao, Z., and Gong, W. 2007. Exceptional drought events over eastern China during the last five centuries. *Climatic Change* 85 (3–4), 453–71.

Stahle, D. W., Cleaveland, M. K., Blanton, D. B., Therrell, M. D., and Gay, D. A. 1998. The lost colony and Jamestown droughts. *Science* 280 (5363), 564–67.

Trouet, V., Babst, F., and Meko, M. 2018. Recent enhanced high-summer North Atlantic Jet variability emerges from three-century context. *Nature Communications* 9 (1), 180.

Trouet, V., Panayotov, M. P., Ivanova, A., and Frank, D. 2012. A pan-European summer teleconnection mode recorded by a new temperature reconstruction from the northeastern Mediterranean (AD 1768–2008). *Holocene* 22 (8), 887–98.

Urban, F. E., Cole, J. E., and Overpeck, J. T. 2000. Influence of mean climate change on climate variability from a 155-year tropical Pacific coral record. *Nature* 407 (6807), 989.

White, S. 2011. *The climate of rebellion in the early modern Ottoman Empire.* Cambridge: Cambridge University Press.

　　　　　　　　　　　　年轮里的世界史

第十五章 淘金热之后

Abatzoglou, J. T., and Williams, A. P. 2016. Impact of anthropogenic climate change on wildfire across western US forests. *Proceedings of the National Academy of Sciences* 113 (42), 11770–75.

Anderson, K. 2005. *Tending the wild: Native American knowledge and the management of California's natural resources.* Berkeley: University of California Press.

Dennison, P. E., Brewer, S. C., Arnold, J. D., and Moritz, M. A. 2014. Large wildfire trends in the western United States, 1984–2011. *Geophysical Research Letters* 41 (8), 2928–33.

Fenn, E. A. 2001. *Pox Americana: The great smallpox epidemic of 1775–82.* New York: Hill & Wang.

Liebmann, M. J., Farella, J., Roos, C. I., Stack, A., Martini, S., and Swetnam, T. W. 2016. Native American depopulation, reforestation, and fire regimes in the Southwest United States, 1492–1900 CE. *Proceedings of the National Academy of Sciences* 113 (6), E696–E704.

Muir, J. 1961. *The mountains of California.* 1894. Reprint. New York: American Museum of Natural History and Doubleday.

Swetnam, T. W. 1993. Fire history and climate change in giant sequoia groves. *Science* 262 (5135), 885–89.

Swetnam, T. W., and Betancourt, J. L. 1990. Fire–southern oscillation relations in the southwestern United States. *Science* 249 (4972), 1017–20.

Taylor, A. H., Trouet, V., Skinner, C. N., and Stephens, S. 2016. Socioecological transitions trigger fire regime shifts and modulate fire-climate interactions in the Sierra Nevada, USA, 1600–2015 CE. *Proceedings of the National Academy of Sciences* 113 (48), 13684–89.

Trouet, V., Taylor, A. H., Wahl, E. R., Skinner, C. N., and Stephens, S. L. 2010. Fire-climate interactions in the American West since 1400 CE. *Geophysical Research Letters* 37 (4), L18704.

Westerling, A. L., Hidalgo, H. G., Cayan, D. R., and Swetnam, T. W. 2006. Warming and earlier spring increase western US forest wildfire activity. *Science* 313 (5789), 940–43.

第十六章 有树方能成林

Appuhn, K. 2009. *A forest on the sea: Environmental expertise in Renaissance Venice.*

Baltimore: Johns Hopkins University Press.

Babst, F., Alexander, M. R., Szejner, P., Bouriaud, O., Klesse, S., Roden, J., Ciais, P., Poulter, B., Frank, D., Moore, D. J., and Trouet, V. 2014. A tree-ring perspective on the terrestrial carbon cycle. *Oecologia* 176 (2), 307–22.

Conard, N. J., Serangeli, J., Böhner, U., Starkovich, B. M., Miller, C. E., Urban, B., and Van Kolfschoten, T. 2015. Excavations at Schöningen and paradigm shifts in human evolution. *Journal of Human Evolution* 89, 1–17.

Corcoran, P. L., Moore, C. J., and Jazvac, K. 2014. An anthropogenic marker horizon in the future rock record. *GSA Today* 24 (6), 4–8.

Flenley, J. R., and King, S. M. 1984. Late quaternary pollen records from Easter Island. *Nature* 307 (5946), 47–50.

Hunt, T. L., and Lipo, C. P. 2006. Late colonization of Easter Island. *Science* 311 (5767), 1603–6.

Kaplan, J. O., Krumhardt, K. M., and Zimmermann, N. E. 2012. The effects of land use and climate change on the carbon cycle of Europe over the past 500 years. *Global Change Biology* 18 (3), 902–14.

Ruddiman, W. F. 2010. *Plows, plagues, and petroleum: How humans took control of climate.* Princeton, NJ: Princeton University Press.

Sandars, N. 1972. *The epic of Gilgamesh.* London: Penguin.

Thieme, H. 1997. Lower Palaeolithic hunting spears from Germany. *Nature* 385 (6619), 807.

Turney, C. S., Palmer, J., Maslin, M. A., Hogg, A., Fogwill, C. J., Southon, J., Fenwick, P., Helle, G., Wilmshurst, J. M., McGlone, M., and Ramsey, C. B. 2018. Global peak in atmospheric radiocarbon provides a potential definition for the onset of the Anthropocene epoch in 1965. *Scientific Reports* 8 (1), 3293.

推荐阅读

Atwater, B. F., Musumi-Rokkaku, S., Satake, K., Tsuji, Y., Ueda, K., and Yamaguchi, D. K. 2016. *The orphan tsunami of 1700: Japanese clues to a parent earthquake in North America*. Seattle: University of Washington Press.

Baillie, M. G. L. 1995. *A slice through time: Dendrochronology and precision dating*. London: Routledge.

Bjornerud, M. 2018. *Timefulness: How thinking like a geologist can help save the world*. Princeton, NJ: Princeton University Press.

Bradley, R. S. 2011. *Global warming and political intimidation: How politicians cracked down on scientists as the earth heated up*. Amherst: University of Massachusetts Press.

DeBuys, W. 2012. *A great aridness: Climate change and the future of the American Southwest*. Oxford: Oxford University Press.

Degroot, D. S. 2014. *The frigid golden age: Experiencing climate change in the Dutch Republic, 1560–1720*. Cambridge: Cambridge University Press.

Diamond, J. 2005. *Collapse: How societies choose to fail or succeed*. New York: Viking.

Fagan, B. 2000. The Little Ice Age. New York: Basic Books.

Fritts, H. C. 1976. *Tree rings and climate*. London: Academic.

Harper, K. 2017. *The fate of Rome: Climate, disease, and the end of an empire*. Princeton, NJ: Princeton University Press.

Hermans, W. F. 2006. *Beyond sleep*. London: Harvill Secker.

Jahren, H. 2016. *Lab girl*. New York: Penguin Random House.

Klein, N. 2014. *This changes everything: Capitalism vs. the climate*. New York: Simon & Schuster.

Le Roy Ladurie, E. 1971. *Times of feast, times of famine: A history of climate since the year 1000*. New York: Doubleday.

Macfarlane, R. 2019. *Underland, a deep time journey*. New York: Norton.

McAnany, P. A., and Yoffee, N., eds. 2009. *Questioning collapse: Human resilience, ecological vulnerability, and the aftermath of empire.* Cambridge: Cambridge University Press.

Oreskes, N., and Conway, E. M. 2011. *Merchants of doubt: How a handful of scientists obscured the truth on issues from tobacco smoke to global warming.* New York: Bloomsbury.

Powers, R. 2018. *The Overstory.* New York: Norton.

Pyne, S. J. 1997. *Fire in America: A cultural history of wildland and rural fire.* Seattle: University of Washington Press.

Ruddiman, W. F. 2010. *Plows, plagues, and petroleum: How humans took control of climate.* Princeton, NJ: Princeton University Press.

Webb, G. E. 1983. *Tree rings and telescopes: The scientific career of A. E. Douglass.* Tucson: University of Arizona Press.

White, S. 2011. *The climate of rebellion in the early modern Ottoman Empire.* Cambridge: Cambridge University Press.

White, S. 2017. *A cold welcome: The Little Ice Age and Europe's encounter with North America.* Cambridge, MA: Harvard University Press.

Wohlleben, P. 2016. *The hidden life of trees: What they feel, how they communicate-Discoveries from a secret world.* Berkeley, CA: Greystone Books.

达芬奇的贝壳山和沃尔姆斯会议
斯蒂芬·杰·古尔德 著　傅强 张锋 译

新生命史——生命起源和演化的革命性解读
彼得·沃德 乔·克什维克 著　李虎 王春艳 译

蕨类植物的秘密生活
罗宾·C.莫兰 著　武玉东 蒋蕾 译

图提拉——一座新西兰羊场的故事
赫伯特·格思里－史密斯 著　许修棋 译

野性与温情——动物父母的自我修养
珍妮弗·L.沃多琳 著　李玉珊 译

吉尔伯特·怀特传——《塞耳彭博物志》背后的故事
理查德·梅比 著　余梦婷 译

稀有地球——为什么复杂生命在宇宙中如此罕见
彼得·沃德 唐纳德·布朗利 著　刘夙 译

寻找金丝雀树——关于一位科学家、一株柏树和一个不断变化的
世界的故事
劳伦·E.奥克斯 著　李可欣 译

寻鲸记
菲利普·霍尔 著　傅临春 译

众神的怪兽——在历史和思想丛林里的食人动物
大卫·奎曼 著　刘炎林 译

人类为何奔跑——那些动物教会我的跑步和生活之道
贝恩德·海因里希 著　王金 译

寻径林间——关于蘑菇和悲伤
龙·利特·伍恩 著　傅力 译

编结茅香——来自印第安文明的古老智慧与植物的启迪
罗宾·沃尔·基默尔 著　侯畅 译

图书在版编目（CIP）数据

年轮里的世界史 /（比）瓦莱丽·特鲁埃著；许晨曦，安文玲译 . —北京：商务印书馆，2023
（自然文库）
ISBN 978-7-100-22320-1

Ⅰ.①年…　Ⅱ.①瓦…②许…③安…　Ⅲ.①年轮—普及读物　Ⅳ.① S781.1-49

中国国家版本馆 CIP 数据核字（2023）第 067032 号

本书地图系原文插附地图

自然文库
年轮里的世界史
〔比利时〕瓦莱丽 · 特鲁埃　著
许晨曦　安文玲　译

商 务 印 书 馆 出 版
（北京王府井大街 36 号　邮政编码 100710）
商 务 印 书 馆 发 行
北京中科印刷有限公司印刷
ISBN 978 - 7 - 100 - 22320 - 1
审 图 号：GS（2023）2418 号

2023 年 9 月第 1 版　　　　开本 880×1230　1/32
2023 年 9 月北京第 1 次印刷　印张 9⅞　插页 2
定价：68.00 元

德国栎树　松树年表 公元前10461年至今

长寿松年表 公元前6827年至今

长寿松

公元　　0　　　　　　200　　　　　　400　　　　　　600　　　　　　800

民族大迁徙时期 公元250—410年

罗马过渡期 公元250—550年

晚古小冰期 公元536—660年

查士丁尼瘟疫 公元541—544年

法隆寺（最古老的木建筑）公元594年

回鹘 公元744—840年

玛雅古典期末期 公元750—950年

太阳超级耀斑 公元774年

维京人抵达冰岛 公元874年

法隆寺

舍宁根矛（最古老的木制品），距今30万年　　　　　本页详细的时段

300 000　　　　　200 000　　　　　100 000

刻进年轮中的历史

从早期人类的木矛和可追溯至全新世早期的树轮，到查士丁尼瘟疫、成吉思汗的崛起，再到切尔诺贝利核事故这一灾难，本书的故事涵盖了全球范围内的人类、气候和树轮年代学事件。